土木工程类专业应用型人才培养系列教材

土木工程图学习题集

主　编　张　威　刘继海
参　编　魏　丽　张津涛　张裕媛　曹立辉
主　审　王桂梅

北京理工大学出版社
BEIJING INSTITUTE OF TECHNOLOGY PRESS

内容提要

本习题集与张威、刘继海主编的《土木工程图学》配套使用。本习题集包括画法几何、立体与组合体、标高投影、轴测投影、阴影、制图基础、建筑施工图、结构施工图、设备施工图、道桥施工图、透视投影等内容的习题和作业。

本习题集可以作为普通高等院校土木工程类各专业以及建筑学、规划专业的工程图学教材，也可供自学者参考使用。

版权专有　侵权必究

图书在版编目(CIP)数据

土木工程图学习题集 / 张威，刘继海主编. —北京：北京理工大学出版社，2020.8（2023.8重印）
ISBN 978-7-5682-8916-0

Ⅰ.①土… Ⅱ.①张… ②刘… Ⅲ.①土木工程－建筑制图－习题集 Ⅳ.①TU204-44

中国版本图书馆CIP数据核字（2020）第153810号

出版发行 / 北京理工大学出版社有限责任公司
社　　址 / 北京市海淀区中关村南大街5号
邮　　编 / 100081
电　　话 /（010）68914775（总编室）
　　　　　（010）82562903（教材售后服务热线）
　　　　　（010）68944723（其他图书服务热线）
网　　址 / http://www.bitpress.com.cn
经　　销 / 全国各地新华书店
印　　刷 / 北京紫瑞利印刷有限公司
开　　本 / 787毫米×1092毫米　1/16
印　　张 / 17
字　　数 / 205千字
版　　次 / 2020年8月第1版　2023年8月第3次印刷
定　　价 / 45.00元

责任编辑 / 江　立
文案编辑 / 赵　轩
责任校对 / 刘亚勇
责任印制 / 李志强

图书出现印装质量问题，请拨打售后服务热线，本社负责调换

前　言

本习题集与张威、刘继海主编的《土木工程图学》配套使用。

为了便于教学使用，习题集在编排顺序上与《土木工程图学》教材保持一致，教师可以根据本校相应专业的培养方案和教学计划按需选用。

党的二十大报告中提出，深入实施科教兴国战略、人才强国战略、创新驱动发展战略，加快建设教育强国、科技强国、人才强国，坚持为党育人、为国育才，全面提高人才自主培养质量，着力造就拔尖创新人才。为培养更多有创新意识和创新能力的学生，本习题集在传统习题集的内容外，增加运用图学知识解决综合问题的题目，增加一题多解的题目，增加设计立体的题目，以期培养、训练学生的发散思维、创新意识和能力。

目前，大多数高校在高等教育改革的大目标下，正努力办出本校本专业的特色，各校的土木工程类专业的工程图学课程也各具特色，若本习题集的编排顺序与教学计划不一致，请教师按教学计划自行调整。习题的内容和数量如有不足，也请教师作适当补充。

本习题集在编写专业图时，为了使教学能结合工程实践，所用图样尽量从近几年的实际工程中选用。但是，限于本习题集的版面和篇幅，考虑教学实际，在尽量保留实际工程图某些特点的原则下，对选用的工程图纸作了必要的改动，对图纸的内容作了删减，以便使习题集的版面能容纳得下。由于本习题集中的工程图都对原图进行了改动，仅能作为专业图绘图和读图练习的图样使用，不可以作他用。

本习题集由天津城建大学工程图学与BIM教研室组织编写，由张威、刘继海担任主编，具体编写分工如下：刘继海编写第1、5、14、16章；魏丽编写第2、3、4、9章；张威编写第6、11、17、18章；张津涛编写第7、8、12章；曹立辉编写第13章；张裕媛编写第10、15章。

本习题集由王桂梅教授主审，审阅人在百忙之中认真审阅了书稿，并提出了许多宝贵意见，在此，编写组表示衷心感谢。

由于编者水平有限，书中难免有疏漏、缺点和错误，热忱欢迎广大读者批评、指正。

编　者

目 录

第1章 制图基础 ……………………………………………………………………………… 1

第2章 投影的基本知识 ……………………………………………………………………… 7

第3章 点、直线、平面的投影 ……………………………………………………………… 13

第4章 直线与平面、平面与平面的相对位置 ……………………………………………… 26

第5章 投影变换 ……………………………………………………………………………… 35

第6章 平面立体 ……………………………………………………………………………… 39

第7章 曲线、曲面与曲面立体 ……………………………………………………………… 43

第8章 两立体相贯 …………………………………………………………………………… 52

第9章 轴测投影 ……………………………………………………………………………… 59

第10章 标高投影 …………………………………………………………………………… 63

第11章 阴影 ………………………………………………………………………………… 65

第12章 组合体 ……………………………………………………………………………… 74

第13章 工程形体的表达方法 ……………………………………………………………… 86

第14章 建筑施工图 ………………………………………………………………………… 90

第15章 结构施工图 ………………………………………………………………………… 104

第16章 设备施工图 ………………………………………………………………………… 108

第17章 道桥施工图 ………………………………………………………………………… 122

第18章 透视投影 …………………………………………………………………………… 129

第1章 制图基础

1-1 字体练习——长仿宋字

土木工程制图房屋建筑结构水暖电铁路桥梁班级
总体布局梁板柱墙体基础地下室隔墙砌块楼板地
金属遮阳变形缝框架大板砖混水泥地基土层高分子防水卷材沥青凝
标高走廊卫生间厕所淋浴客厅卧室内外绿化初步设计天沟散水勒脚
附加装修盥洗室侵蚀热水暖气弹性挂钩吊顶冷桥焊接预留孔洞室内抹灰陶瓷面砖马赛克天然石
学校展览馆文化体育消防亭台生产辅助动力施工空间组织陶立克柱式教堂程序和内容竣工验收

| 1-2　字体练习——阿拉伯数字、拉丁字母 |

0123456789

ABCDEFGHIJKLMN OPQRSTUVWXYZ

abcdefghijklmnopqrstuvwxyz

| 第1章　制图基础 | | 班级 | | 姓名 | | 学号 | | 审阅 | |

| 1-3　线型练习 |

作业指示书

学习本课程，除了要完成画法几何及投影方面的习题外，还应完成一定数量的制图作业。制图是用绘图仪器和工具绘制的符合标准的正规工程图样，尽管和实际图样有所不同，但是通过绘制正式图样的练习，能够培养学生的看图和绘图的基本能力。制图作业总的要求：图面整洁，布图匀称，作图准确，图线光滑，粗细分明，字体端正，标注齐全，符合标准。

作业一　线型练习

一、目的

1. 学习正确使用绘图仪器和工具，熟悉制图的基本规格和要求。
2. 掌握绘制工程图样的方法和步骤，练习各种图线的画法及字体写法。

二、内容

抄绘习题集第4页中的各种图线及建筑材料图例。

三、要求

1. 图纸：描图纸或绘图纸，A3幅面。标题栏格式可以参照该页右下角或教材中图1-4，由教师选定，以后作业均相同。
2. 图名：线型练习。图别：制图基础。
3. 比例：几何图形按1∶2比例绘制，各种线型、材料图例按1∶1绘制。
4. 图线：先画底稿，底稿线要轻、细、淡。底稿画完后，经检查无误，用墨线或铅笔线加深。基本线宽b（粗线宽）为0.7 mm，中线宽为0.35 mm，细线宽为0.18 mm。
5. 字体：汉字应用长仿宋体，材料名称用7号字注写在图例的右侧，标题栏中的图名和校名用7号字，其余为5号字。
6. 尺寸：尺寸数字字高3 mm，尺寸线、尺寸分界线、尺寸起止符号均按国家标准规定。

四、说明

1. 各种图线的交接应按规定绘制，参见教材第1章中的内容。
2. 材料图例中的45°斜线和符号用细线绘制，间隔和大小依图的大小确定，本次作业斜线间距可以取3 mm。

| 第1章　制图基础 | 班级 | 姓名 | 学号 | 审阅 |

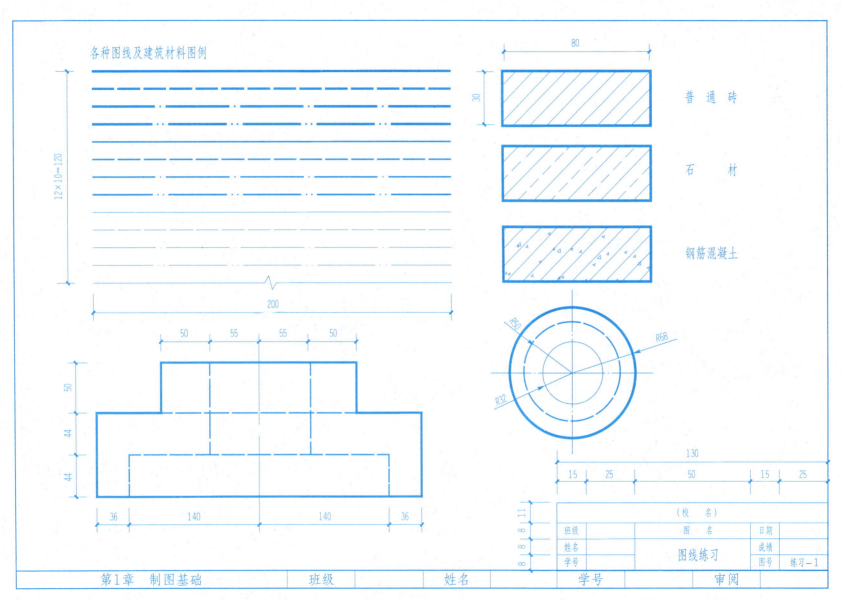

1-4　几何作图

作业指示书

作业二　几何作图

一、目的

1．进一步学习正确使用绘图仪器和工具，熟悉制图的基本规格和要求。

2．学习掌握绘制几何图形的方法和步骤，练习各种图形的画法。

3．继续练习文字和尺寸的标注方法。

二、内容

抄绘习题集第6页中的三个图形并标注文字和尺寸。

三、要求

1．图纸：描图纸或绘图纸，A3幅面。

2．图名：几何作图。图别：制图基础。

3．比例：按图中标注的尺寸和图名后面注写的比例绘图。注意，不得直接从图中测量尺寸。

4．图线：先画底稿，底稿线要轻、细、淡。底稿画完后，经检查无误，用墨线或铅笔线加深。基本线宽 b（粗线宽）为0.7 mm，中线宽为0.35 mm，细线宽为0.18 mm。圆弧连接必须首先准确确定连接点（切点）和圆心，再进行连接作图。连接要光滑，曲线与直线的宽度、色调均应一致。

5．字体：汉字应用长仿宋体，每幅图形的图名用7号字写在图形的下方，标题栏中的图名和校名用7号字，其余为5号字。字母和数字用3.5号字。

四、说明

1．绘图前请先复习教材第1章中的几何作图和尺寸标注的内容。

2．绘图时要首先进行图面布置，按每幅图的尺寸和绘图比例，在稿纸上算出每幅图的长和高，布置每幅图的位置，使图面匀称、协调。

| 第1章　制图基础 | 班级 | 姓名 | 学号 | 审阅 |

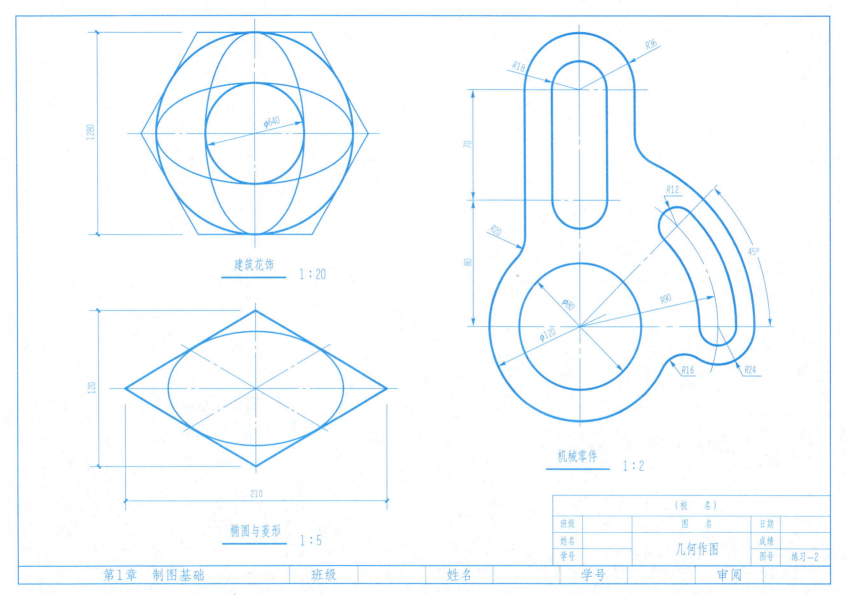

第2章 投影的基本知识

2-1 画基本形体的三视图（图中箭头方向是V面投影的投射方向，尺寸从立体图上量取，按1∶1比例画图）。

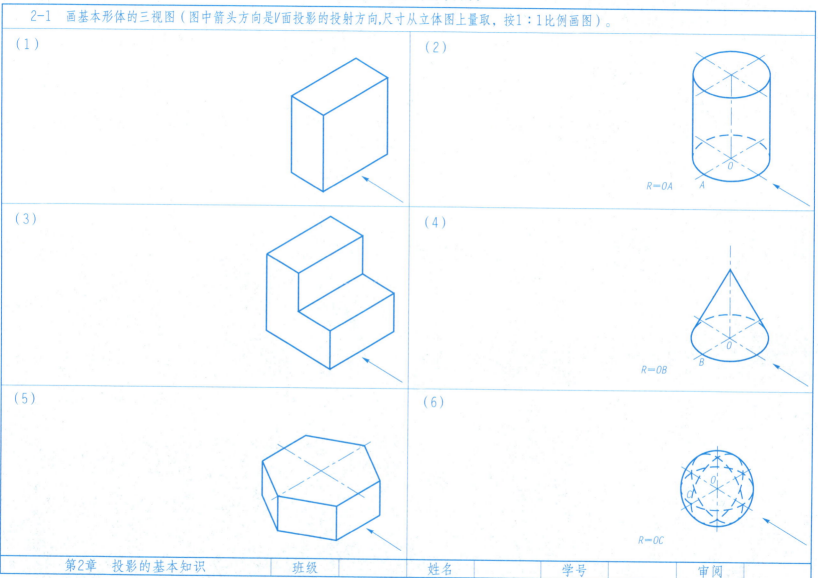

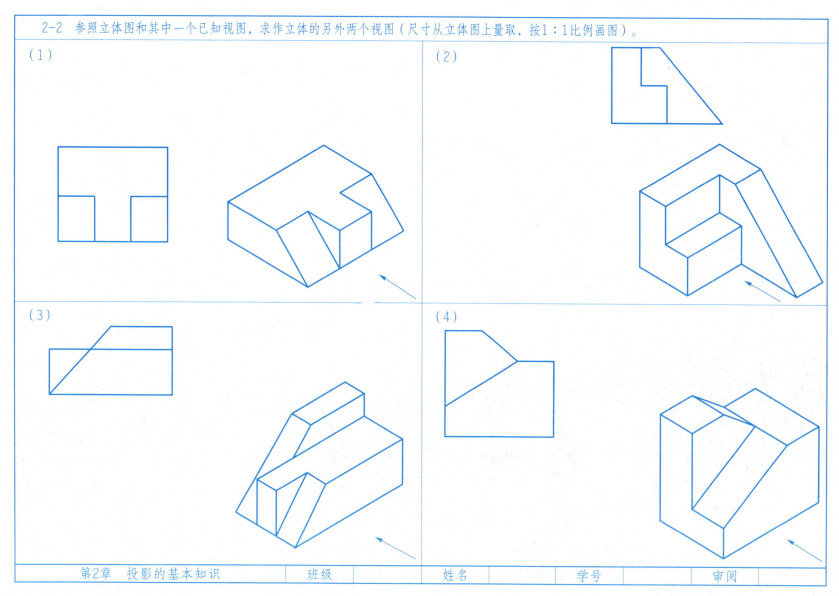

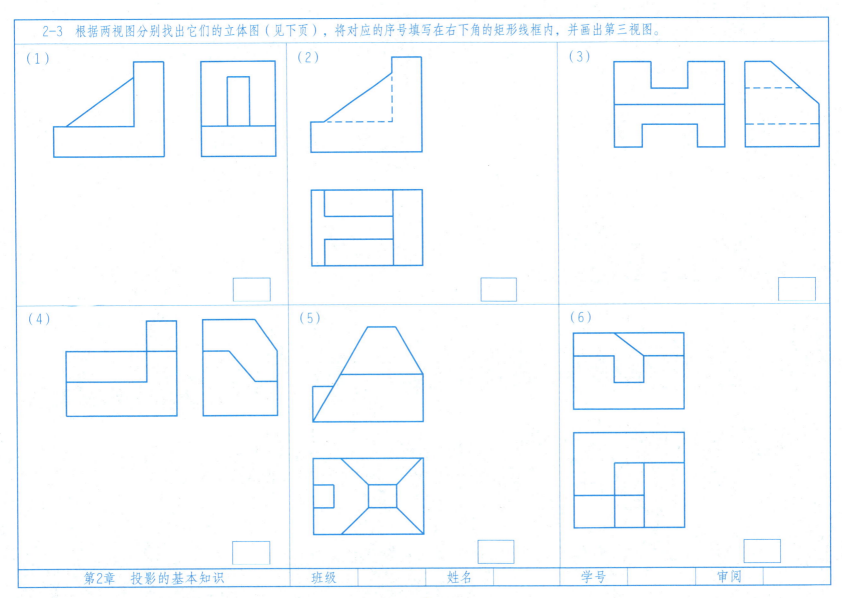

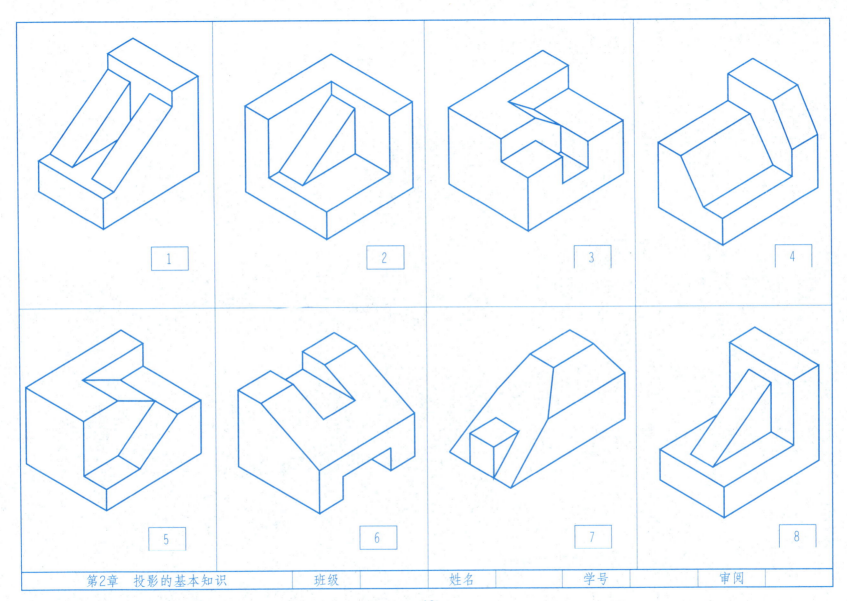

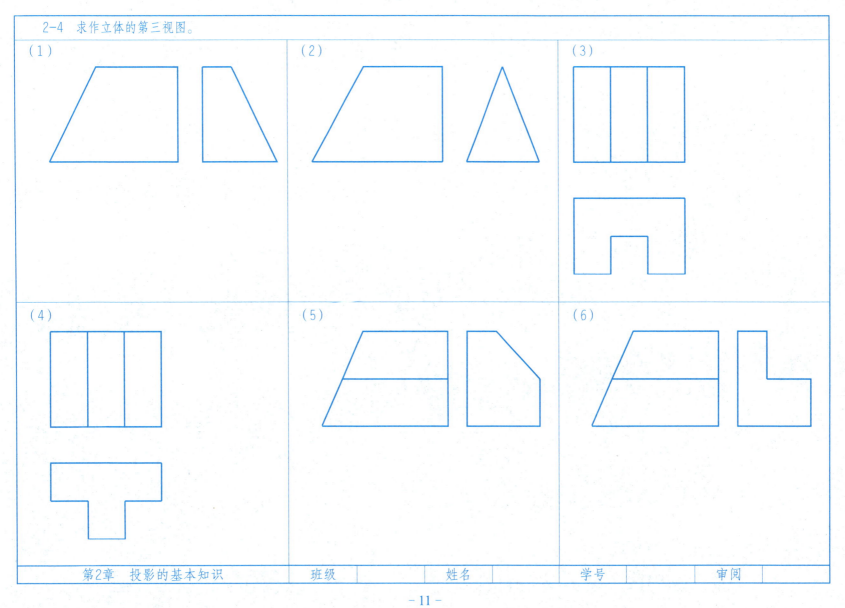

2-4 求作立体的第三视图。

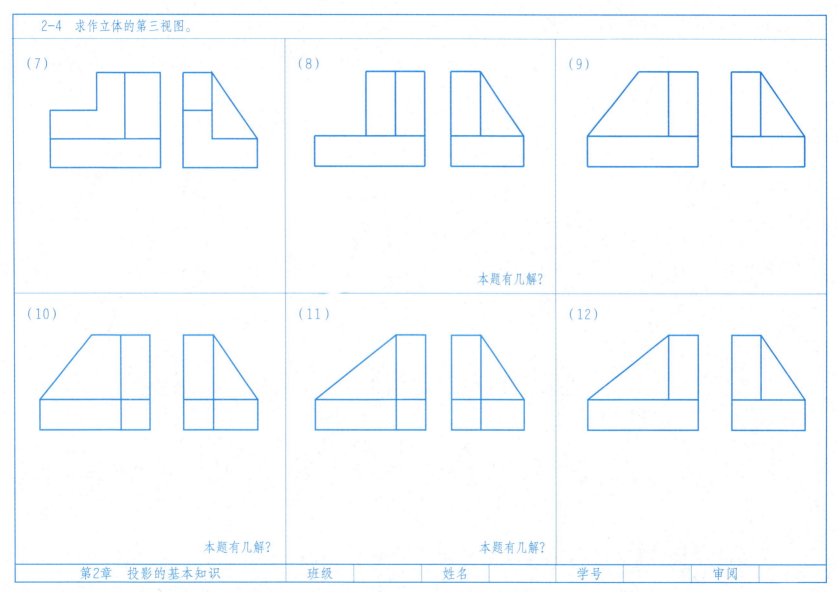

第3章 点、直线、平面的投影

3-1 根据立体图,画出点A、B、C、D的两面投影图,并在表格内填写各点到投影面的距离。

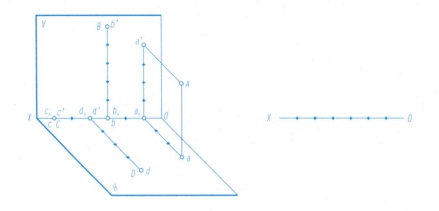

点	距V面（单位）	距H面（单位）
A		
B		
C		
D		

3-2 已知各点的两面投影,求第三面投影,并在表格内填写各点到投影面的距离。

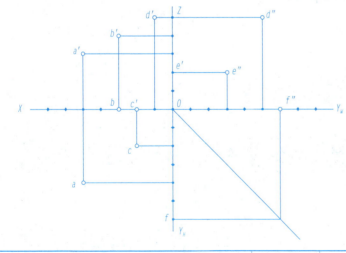

点	距V面（单位）	距H面（单位）	距W面（单位）	点	距V面（单位）	距H面（单位）	距W面（单位）
A				D			
B				E			
C				F			

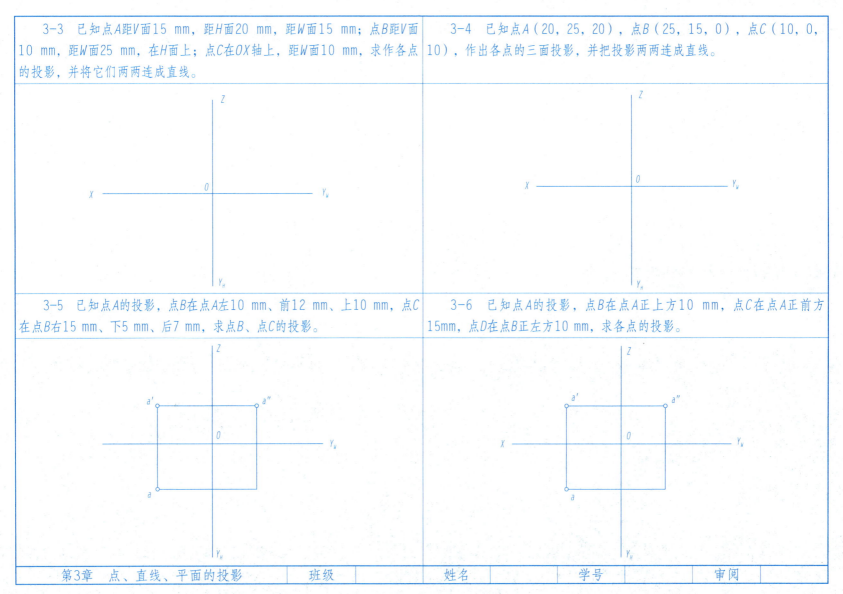

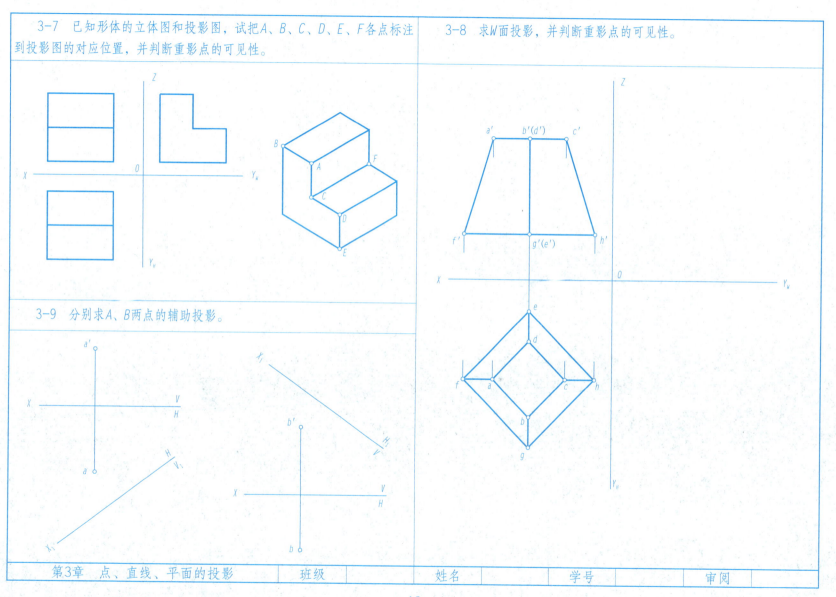

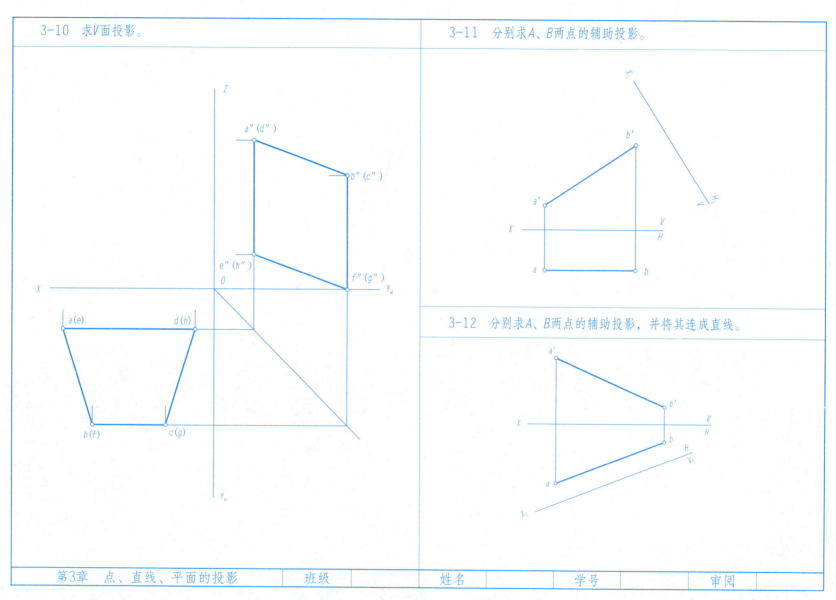

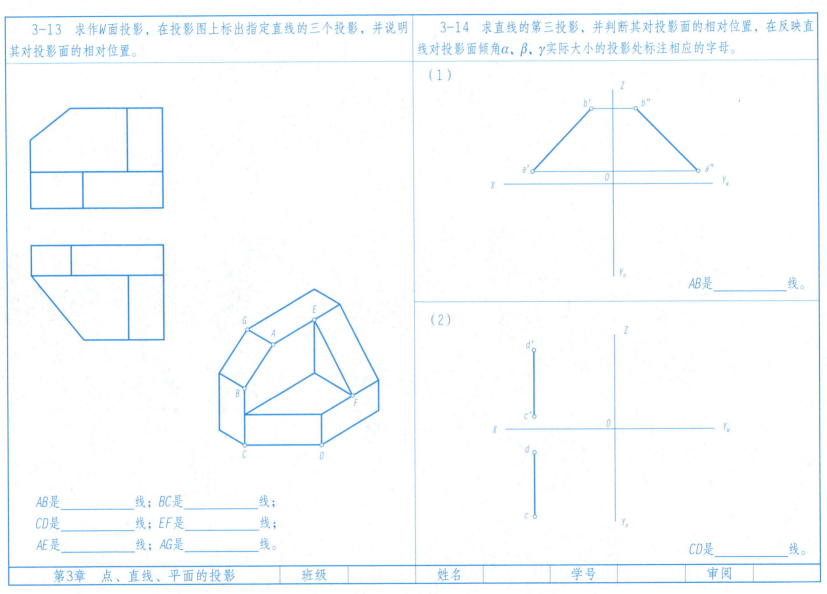

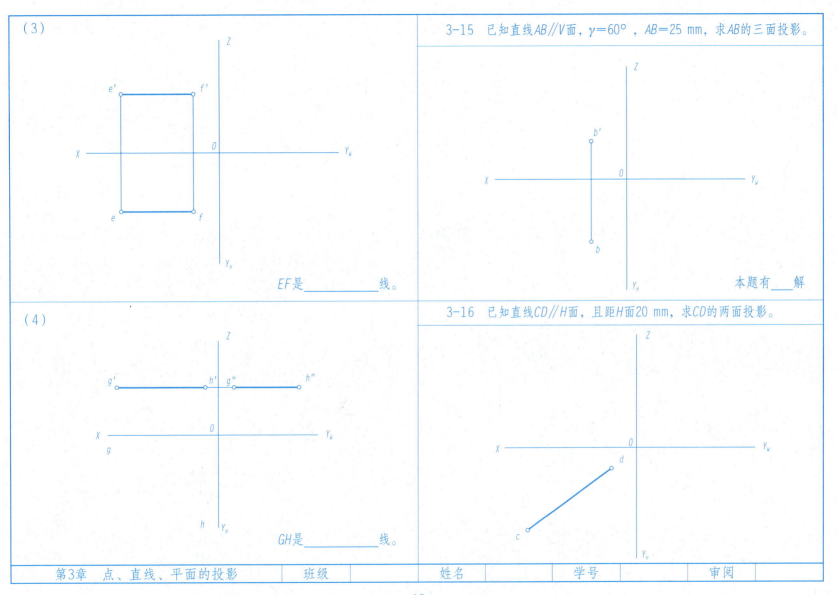

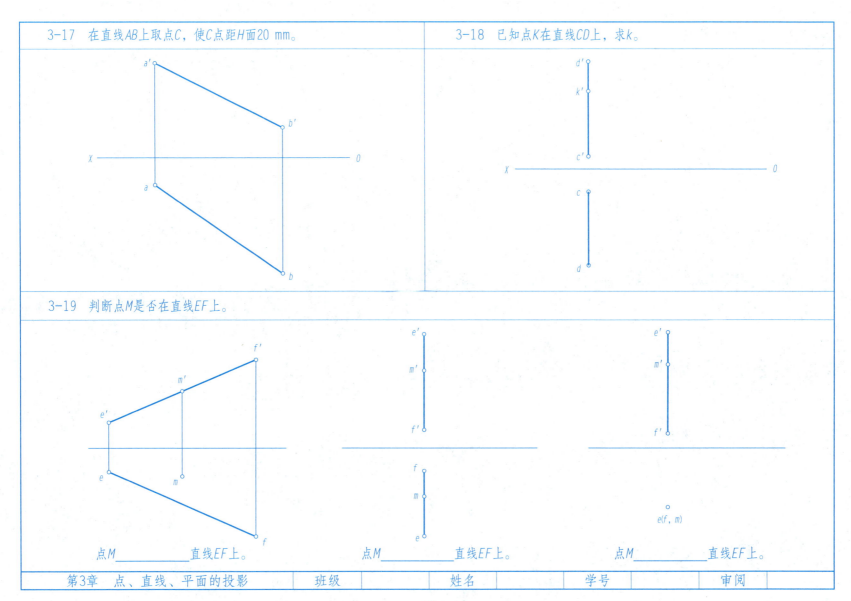

3-20 判别两直线的相对位置。

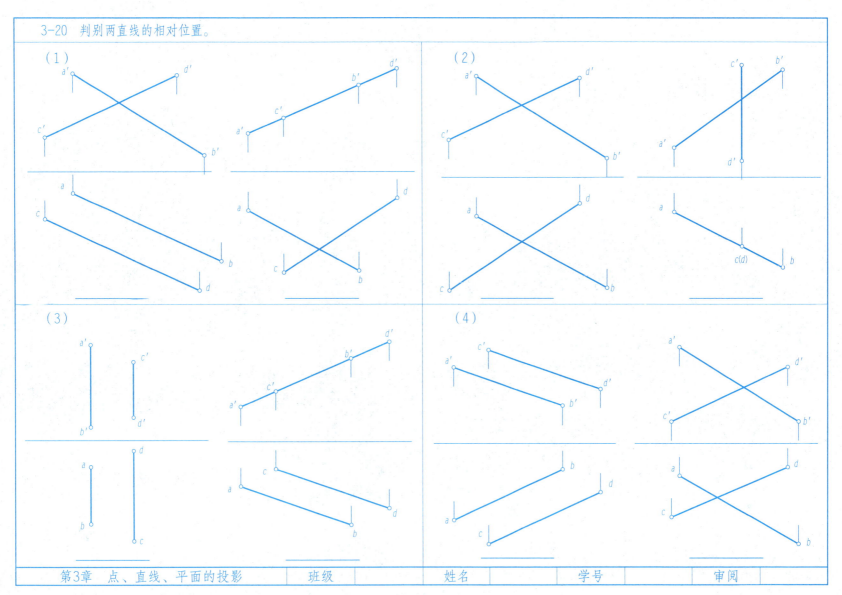

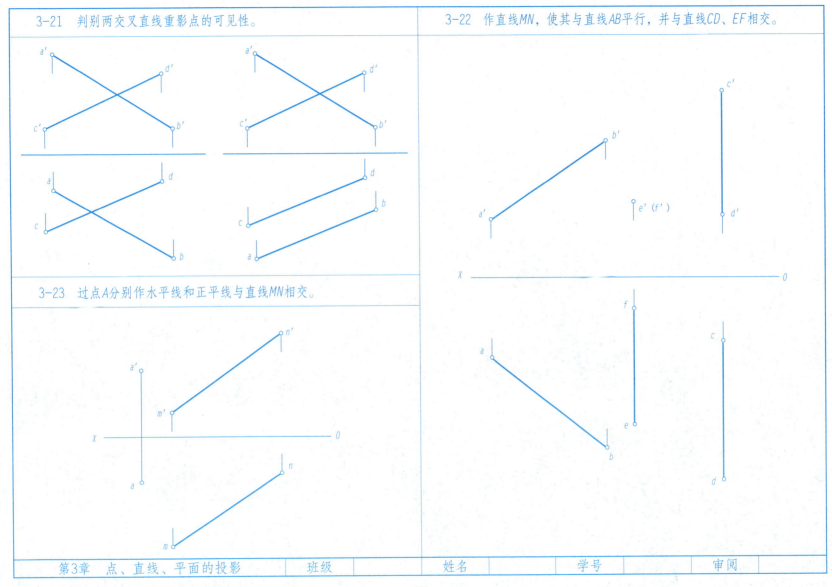

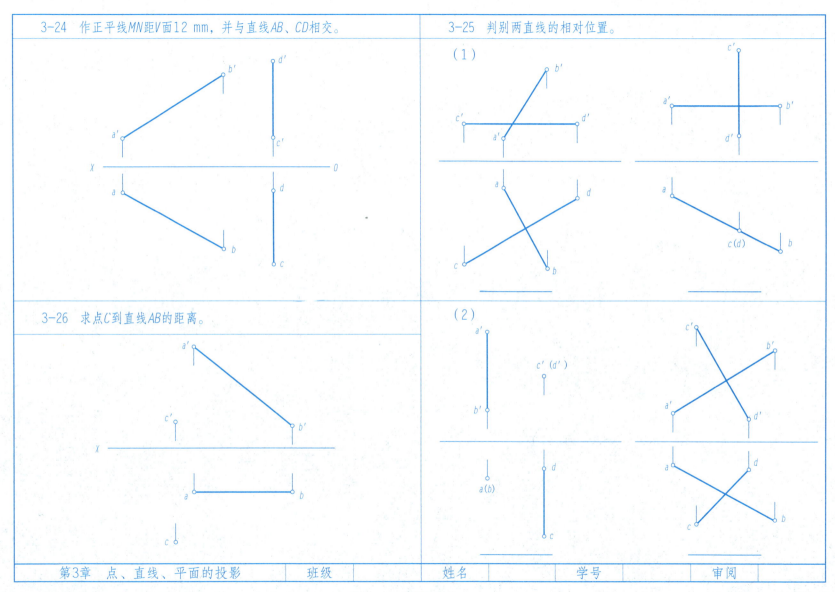

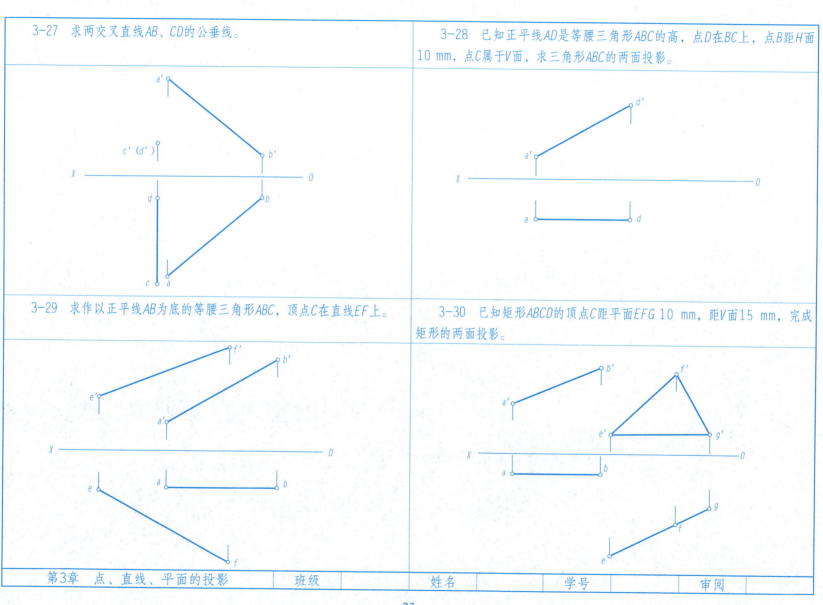

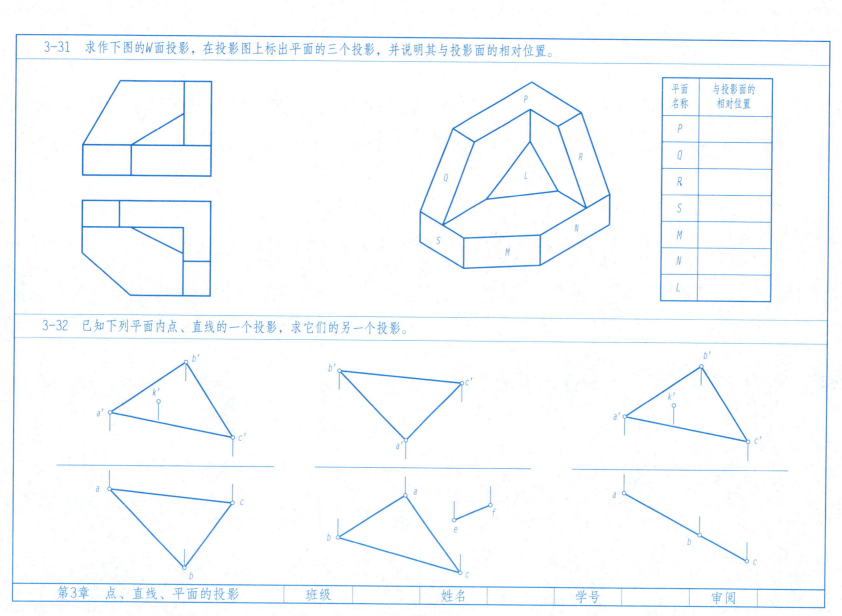

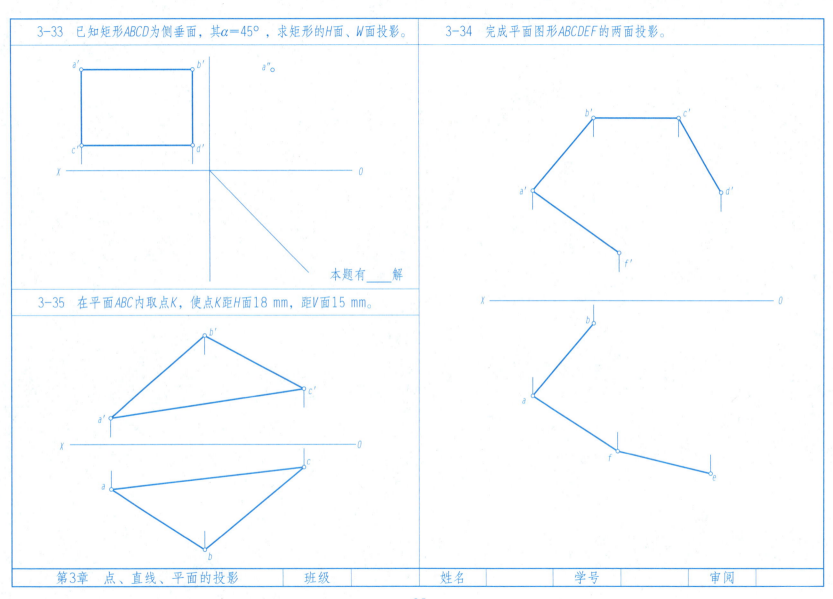

第4章 直线与平面、平面与平面的相对位置

4-1 判断直线与平面是否平行。

(1)

4-2 判断平面与平面是否平行。

(2)

4-3 过点K作直线KL与平面△ABC平行。

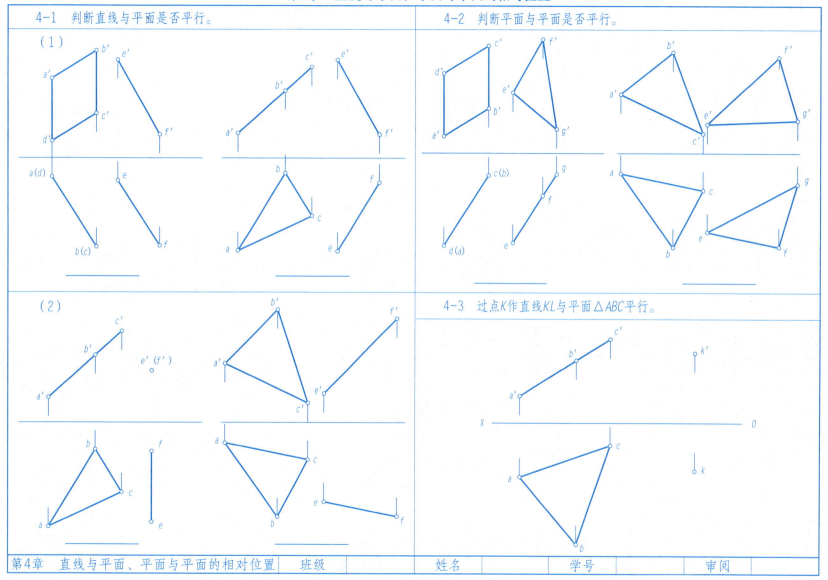

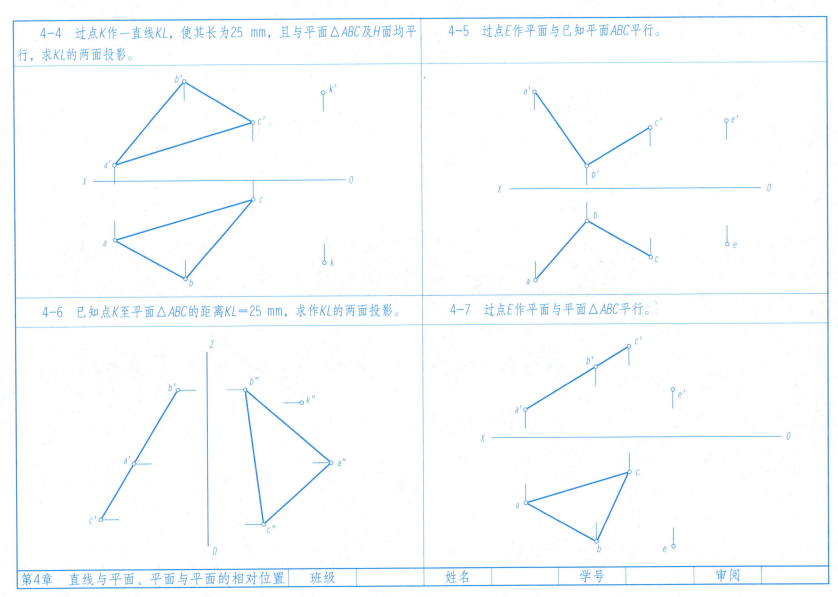

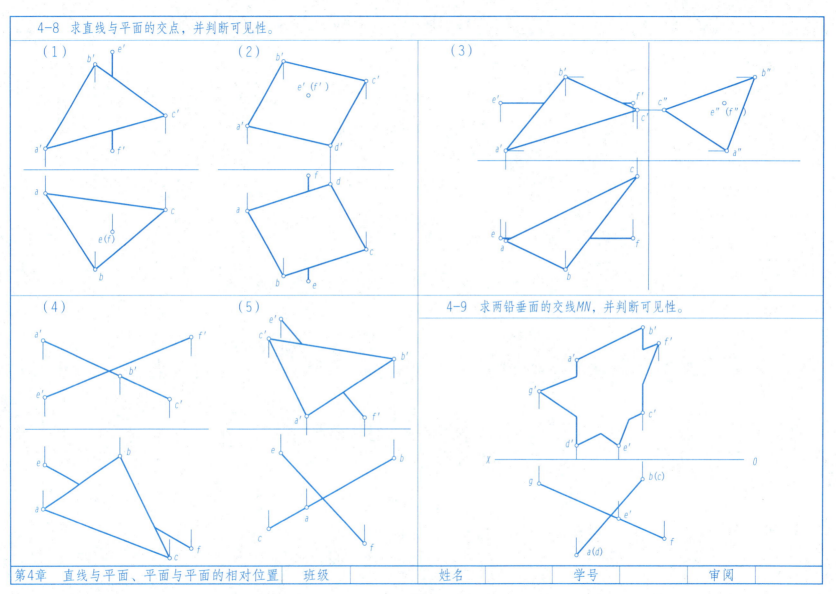

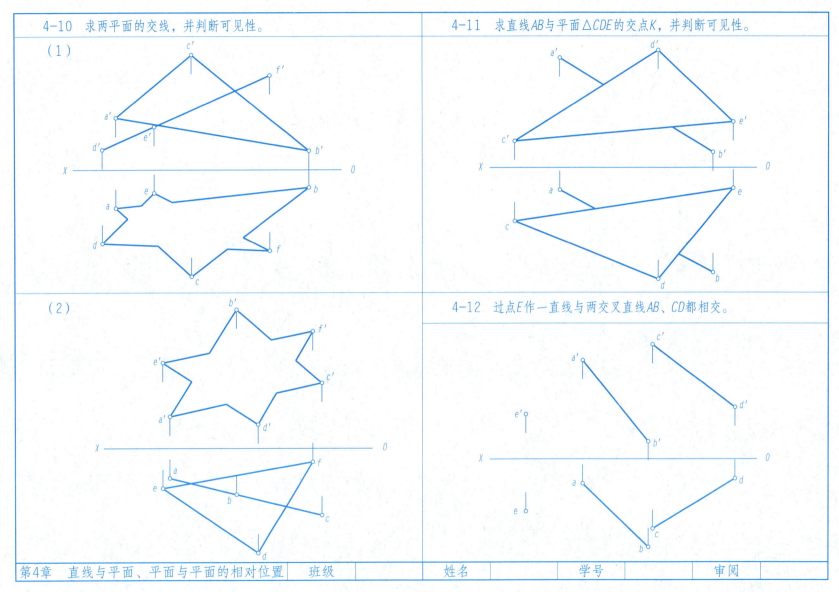

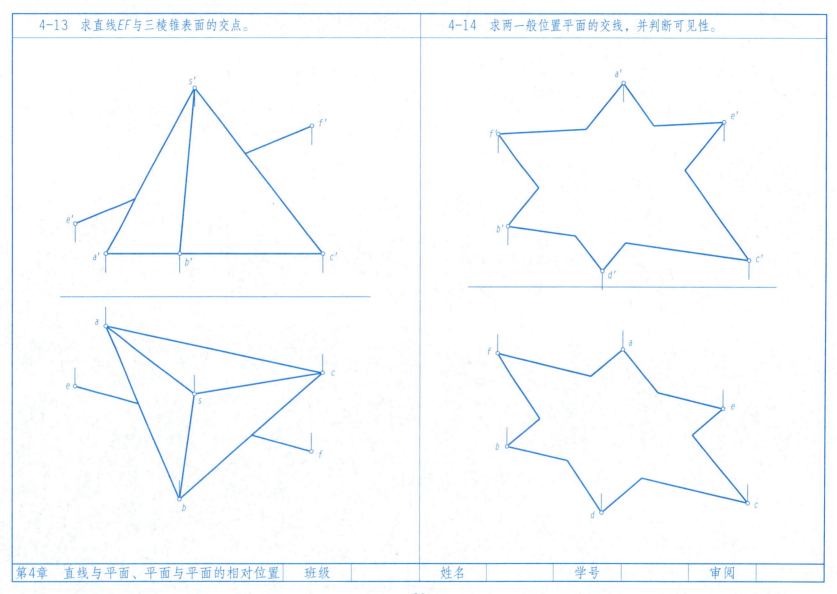

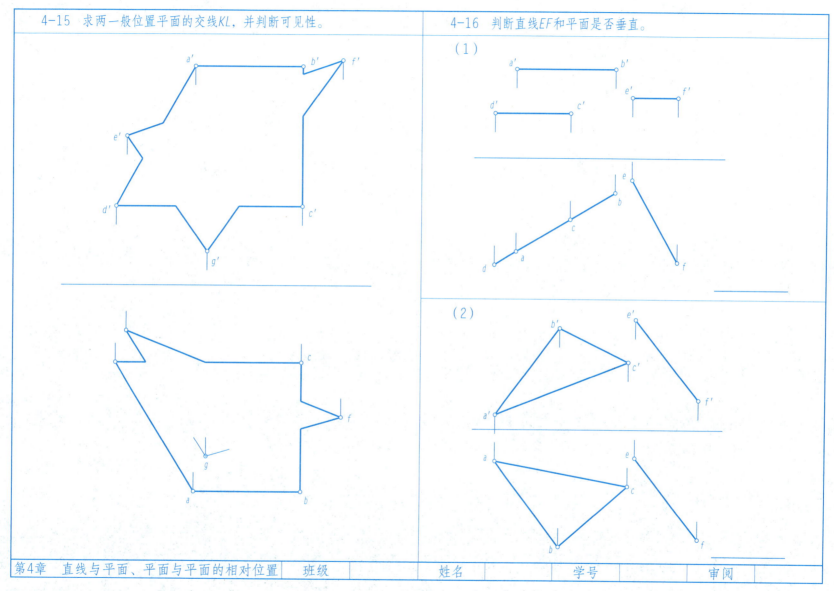

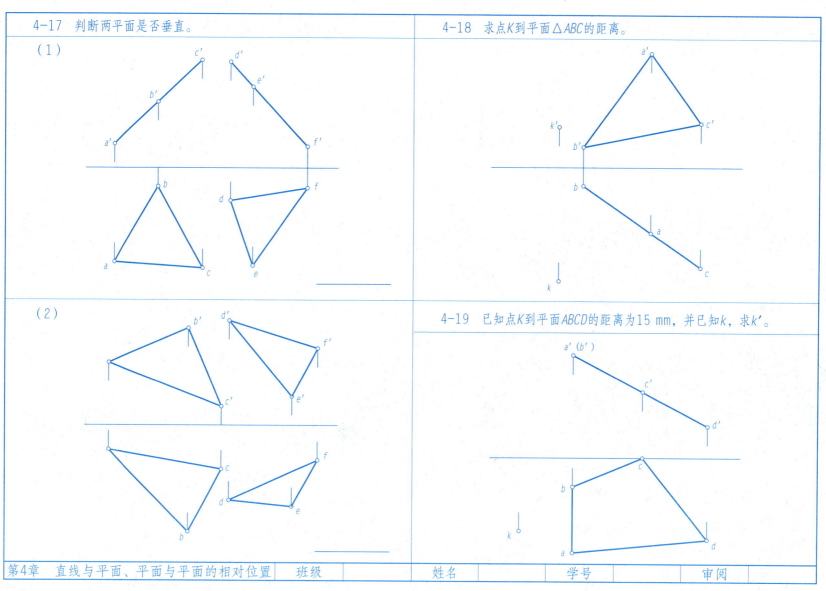

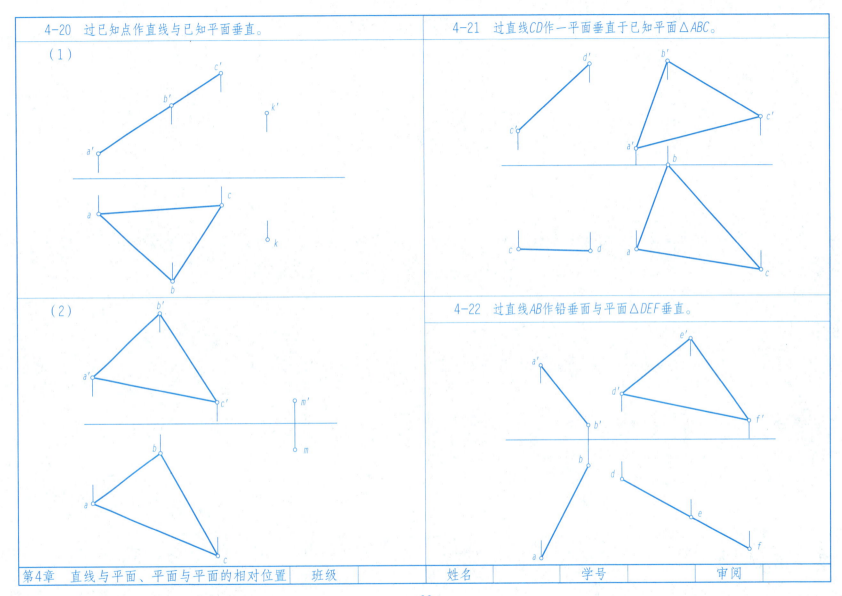

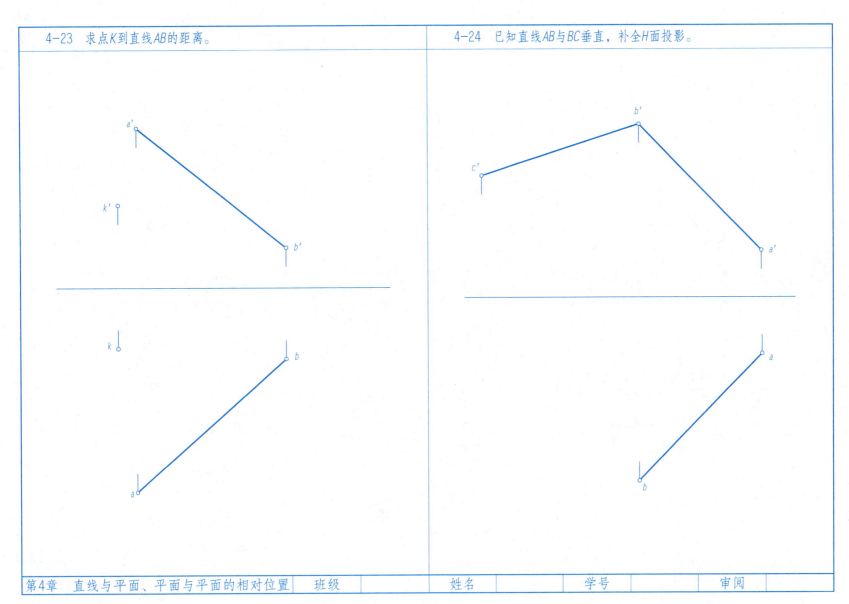

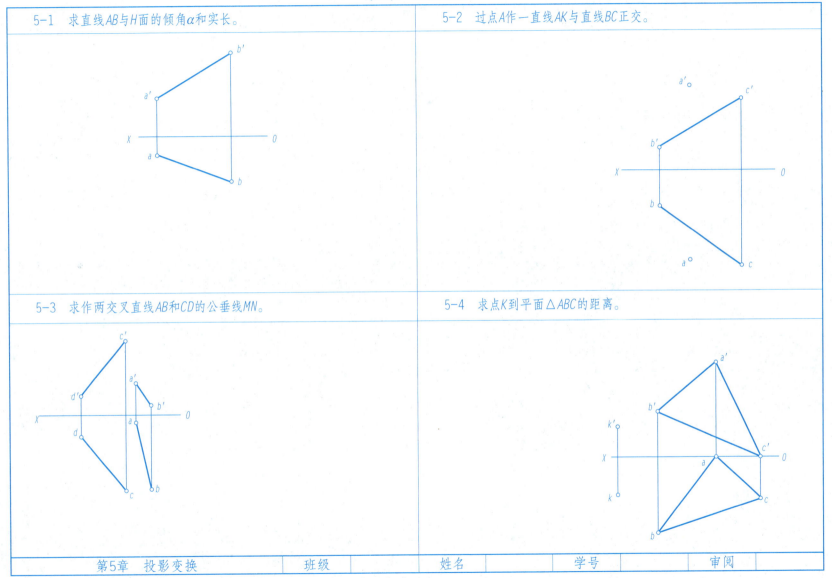

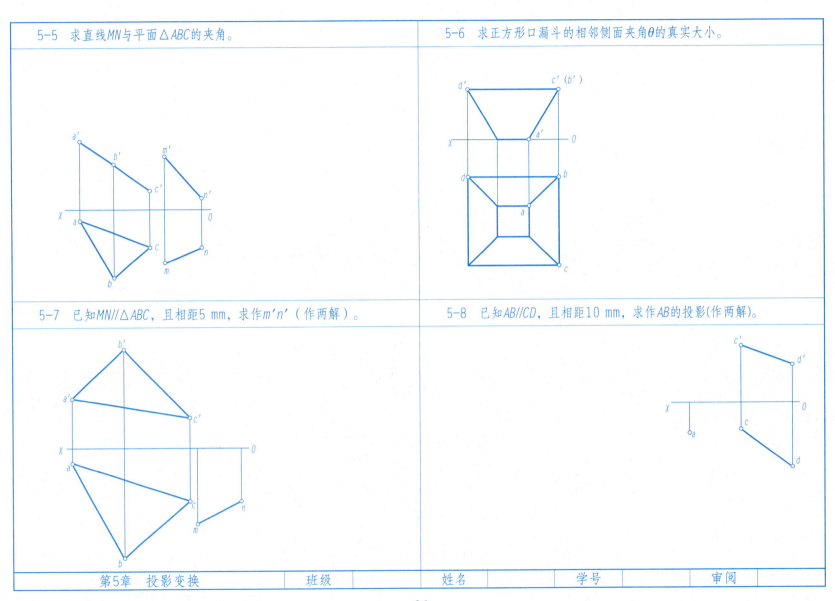

5-9 设直角等腰△ABC的倾角β=30°，AB是其中一条直角边，补全△ABC的投影（作四解）。

5-10 在直线AB上求一点K，使其距C点为18 mm（作两解）。

5-11 已知△ABC//DE，且相距10 mm，求作△a'b'c'（只作一解）。

5-12 已知直线MN⊥AB，且M点距AB为10 mm，求作mn（只作一解）。

第5章 投影变换 | 班级 | 姓名 | 学号 | 审阅

5-13 将直线AB旋转为铅垂线。

5-14 用旋转法求直线AB与H面的倾角α。

5-15 用旋转法求点K到直线AB的距离。

5-16 用旋转法求平面△ABC与V面的倾角β。

5-17 用旋转法求AB与AC的夹角θ。

5-18 用旋转法在△ABC上过点C作直线CD，使其α=30°。

第5章 投影变换

5-19 设直角等腰△ABC的倾角β=30°，AB是其中一条直角边（与5-9题相同），用旋转法补全△ABC的投影（作四解）。

5-20 用旋转法在直线AB上求一点K，使其距C点为18 mm（作两解）。

5-21 已知矩形相邻两边AB、BC的V面投影和一边AB的H面投影，用辅助线（面）法完成矩形ABCD的两面投影。

5-22 用辅助线（面）法在△ABC上过C作直线CD，使其α=30°。

第5章 投影变换

第6章 平面立体

6-1 补全平面立体侧面投影,并补全表面上各点的三面投影。

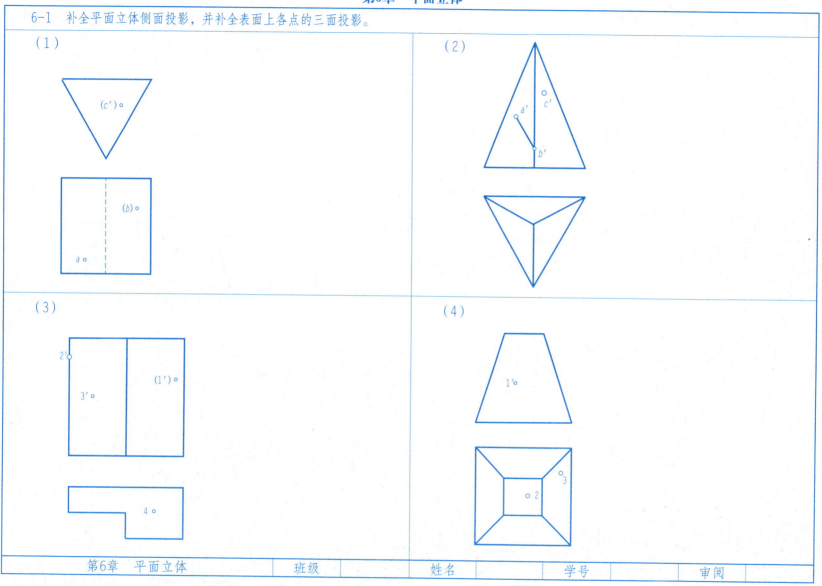

6-2 完成下列切割体的三面投影。

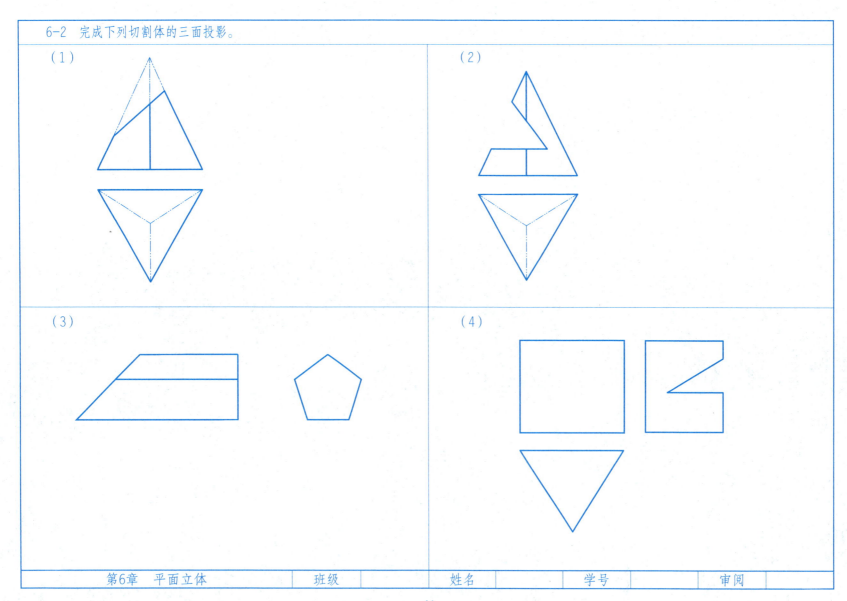

第6章 平面立体

6-3 根据给出的两面投影，完成第三面投影（存在多解）。

(1)

(2)

(3)

(4)

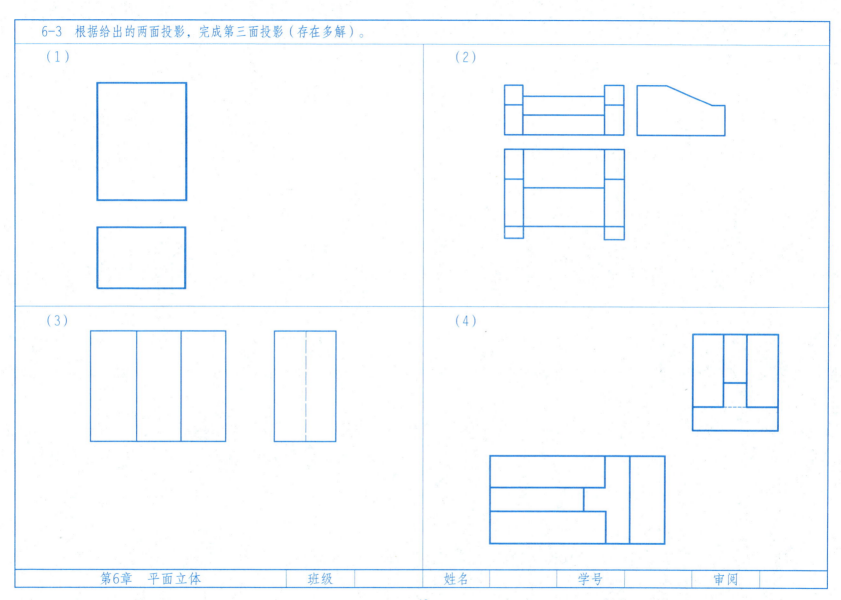

第6章 平面立体

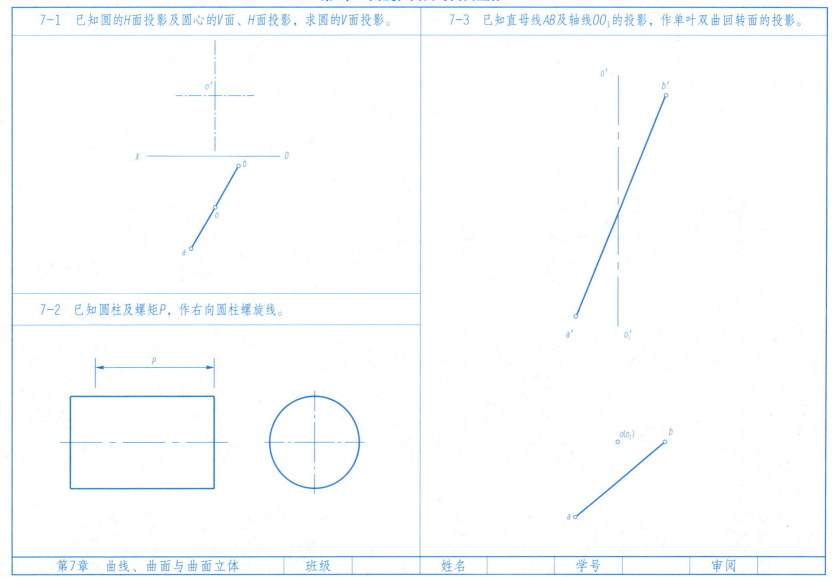

7-4 已知曲导线为右向螺旋线,螺距为P,作大小圆柱之间平螺旋面的投影。

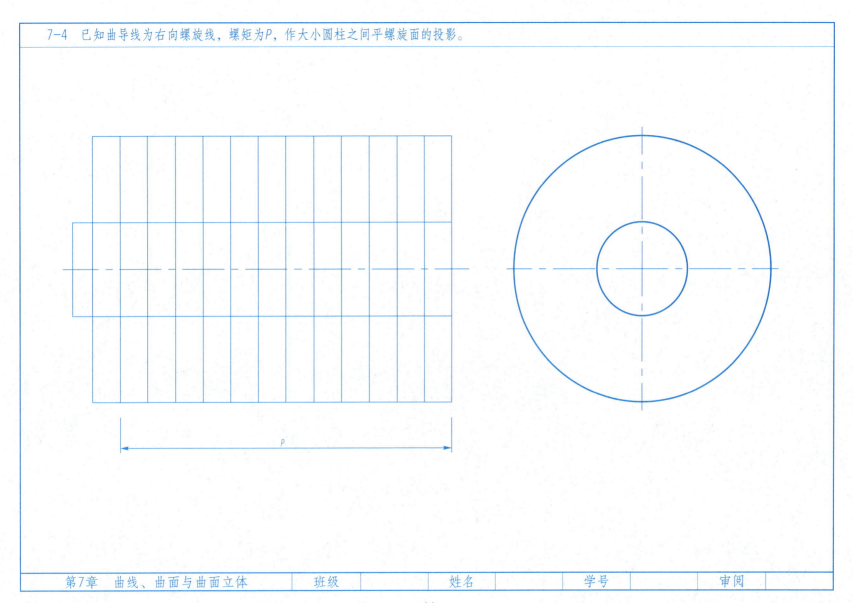

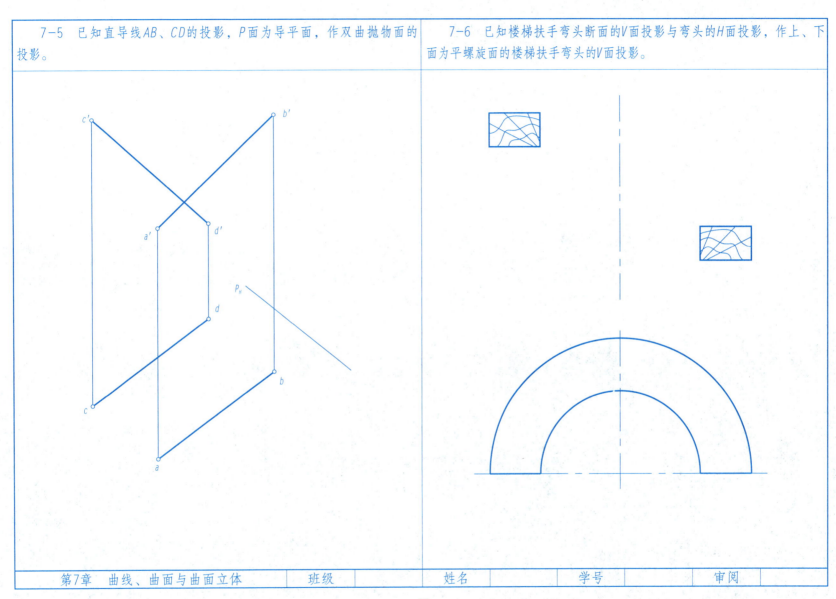

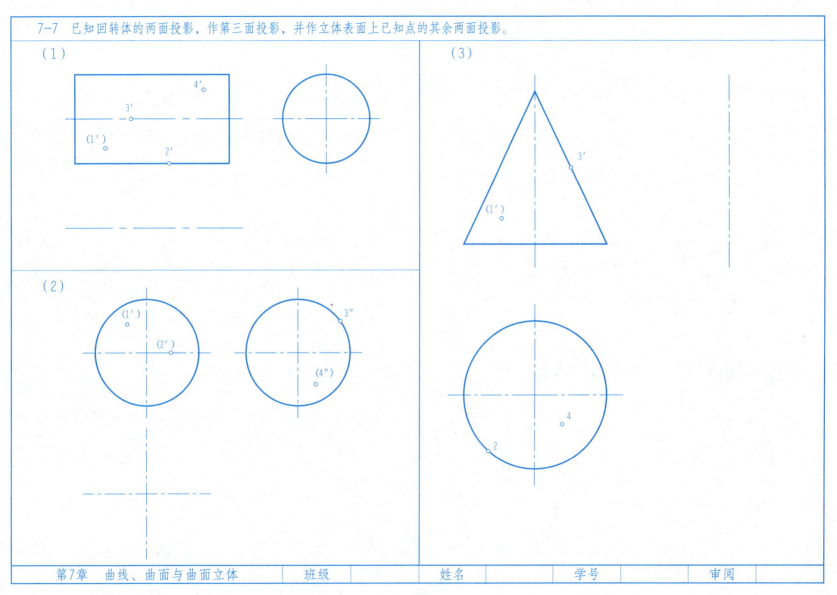

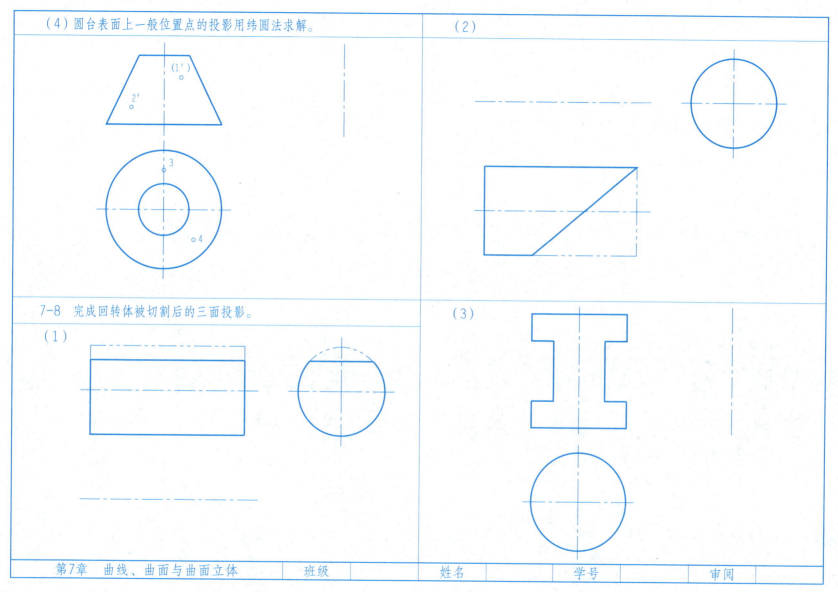

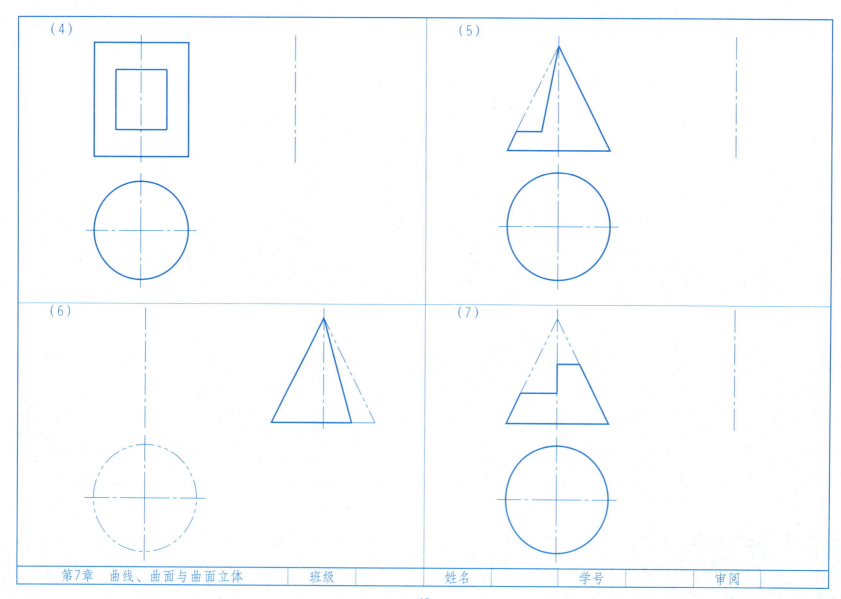

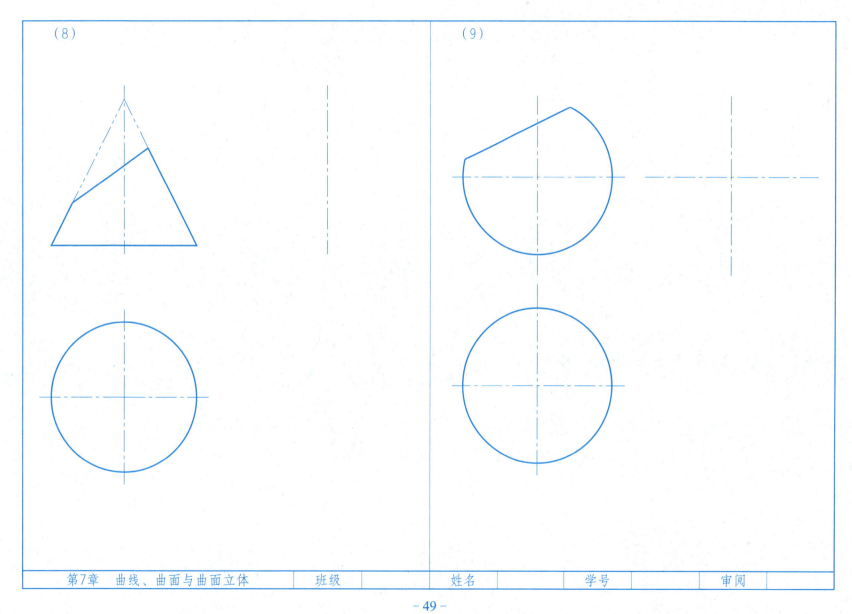

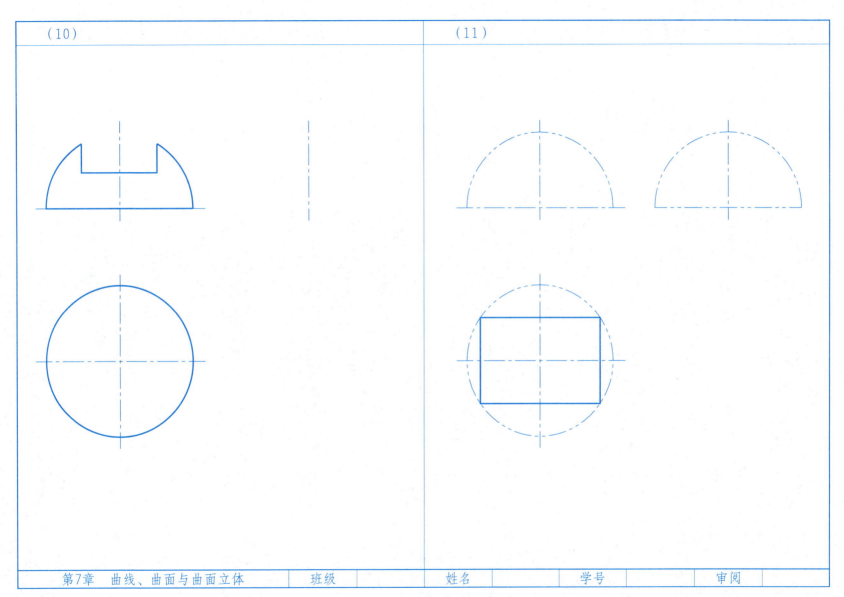

7-9 补绘W面投影。

(1)

(2)

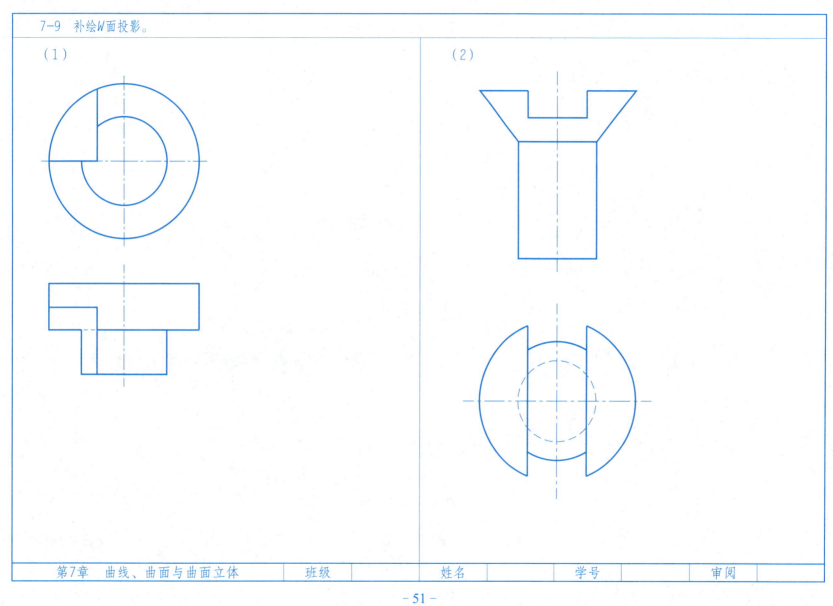

第7章 曲线、曲面与曲面立体

第8章 两立体相贯

8-1 作两三棱柱的相贯线。

8-2 作屋面的交线。

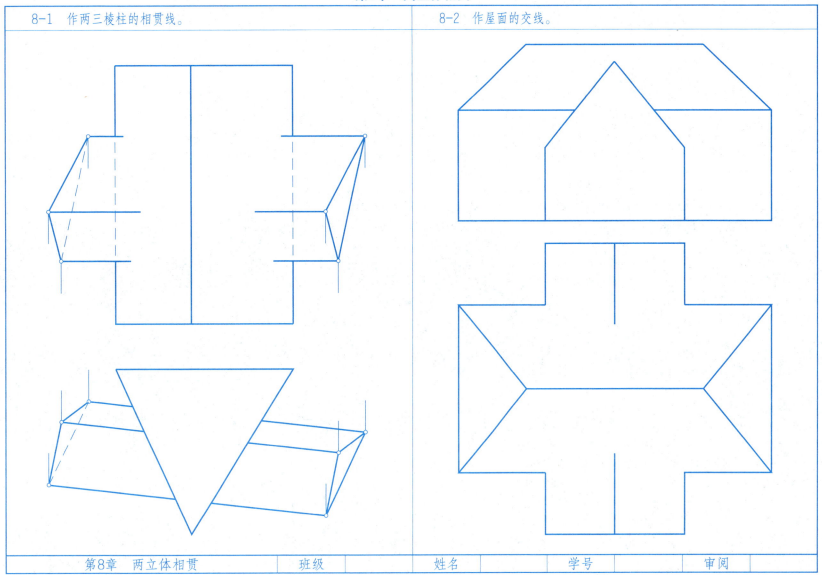

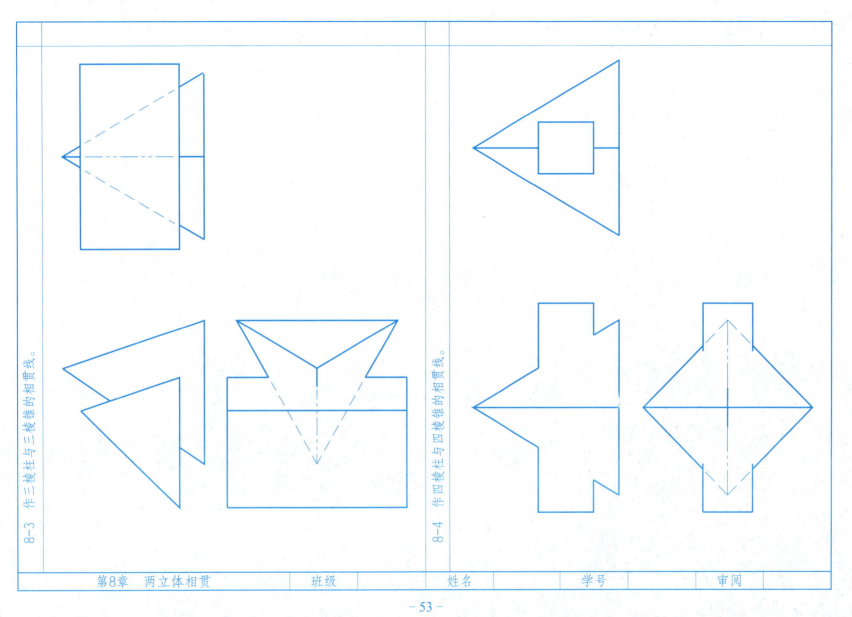

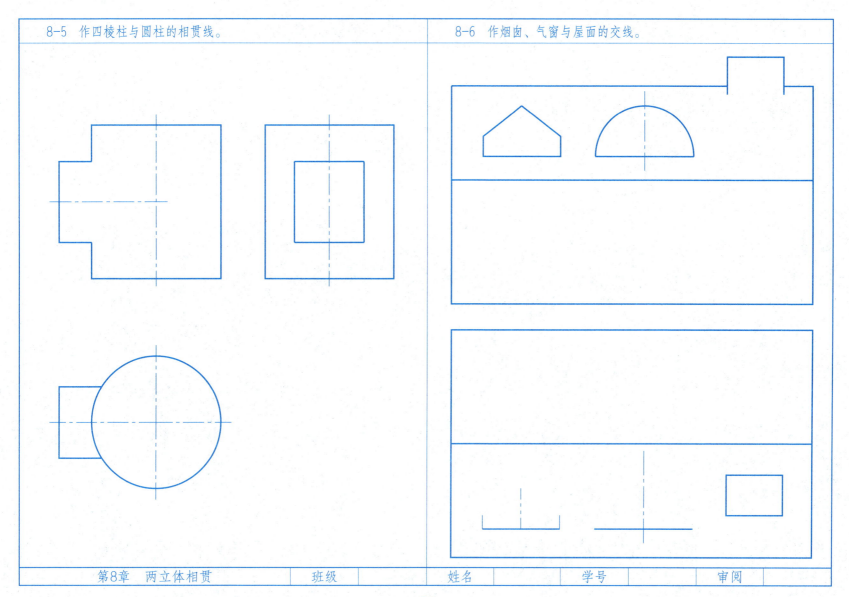

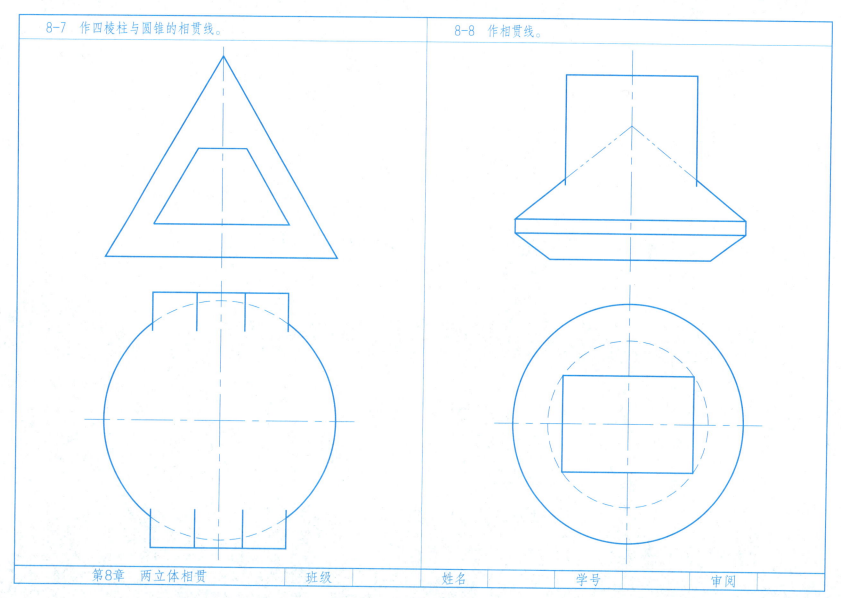

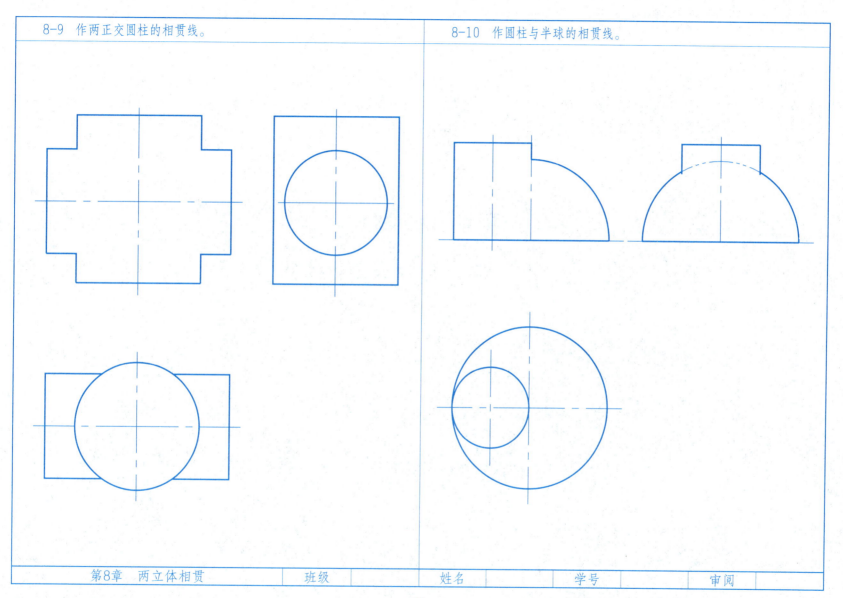

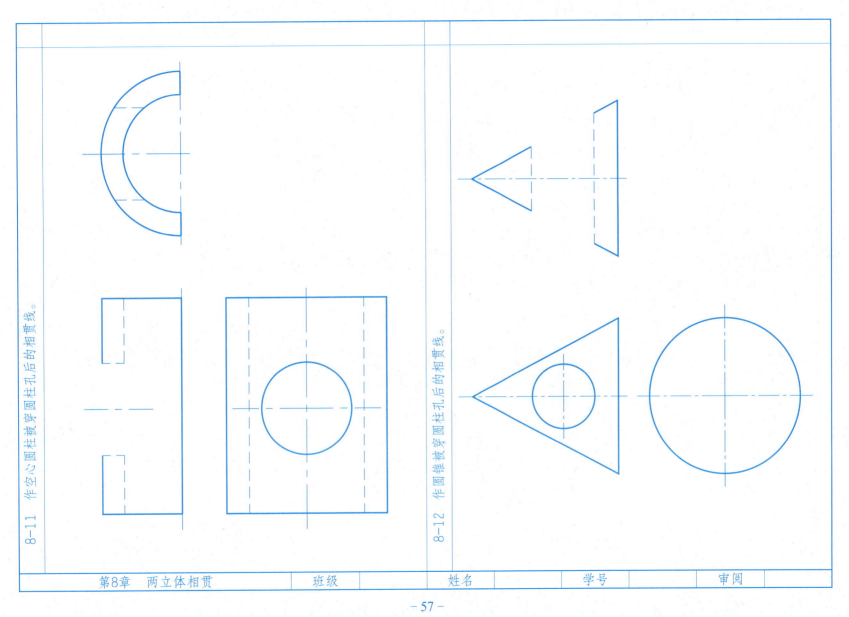

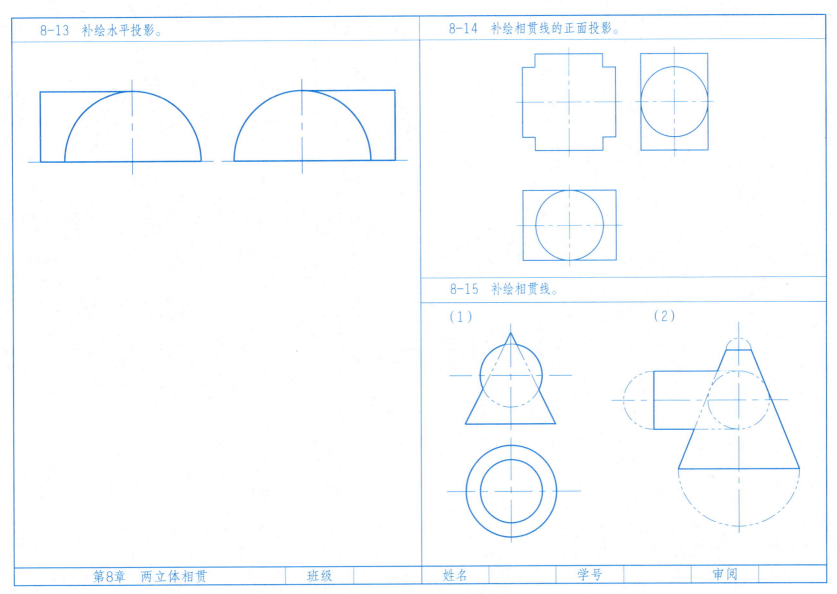

第9章 轴测投影

9-1 绘制正等测或其他类型的轴测图。

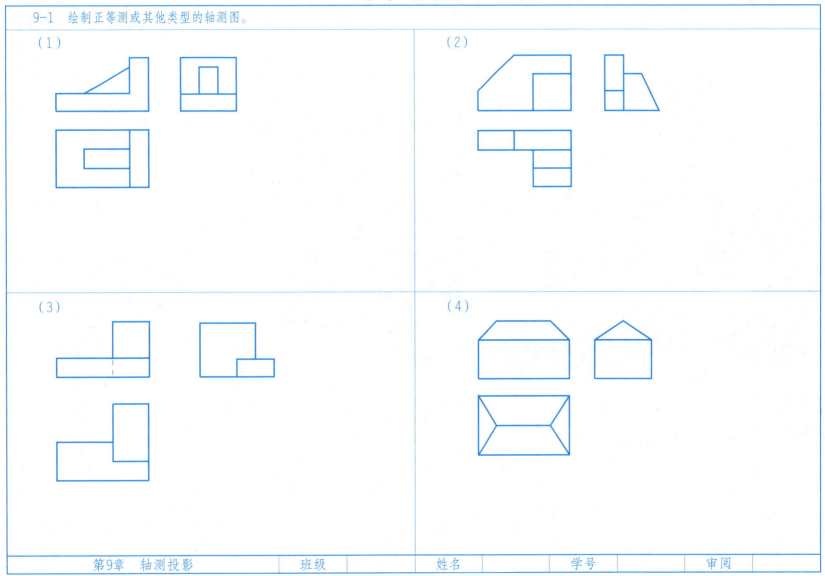

9-2 绘制正等测或其他类型的轴测图。

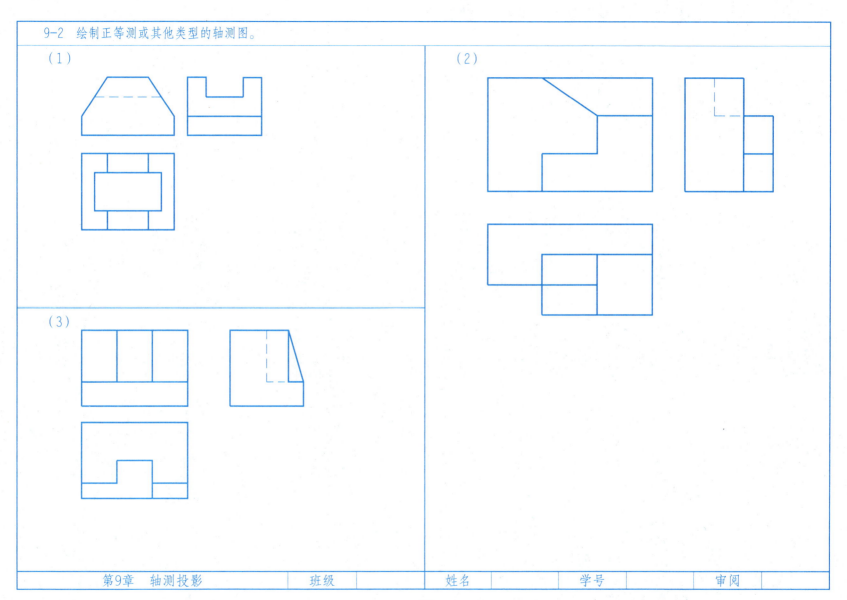

第9章 轴测投影

9-3 绘制正等测或其他类型的轴测图。

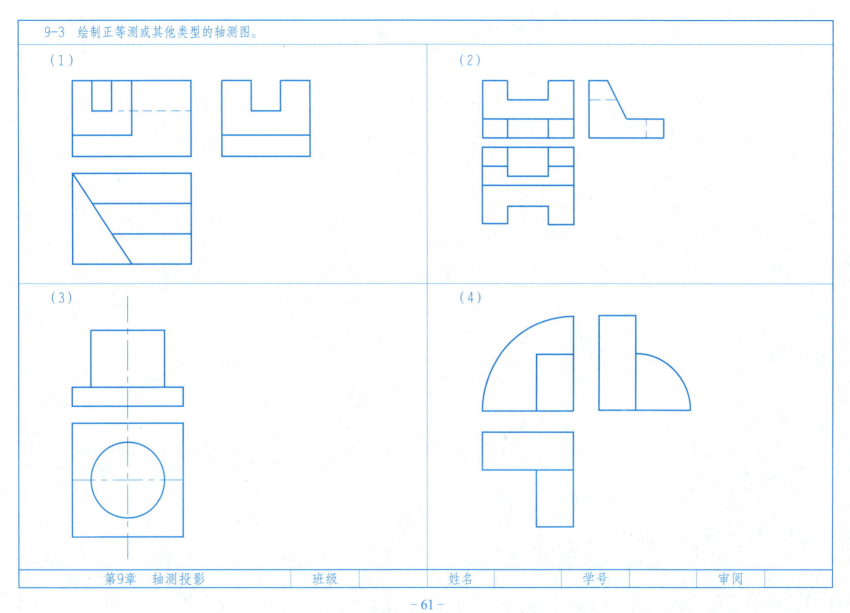

9-3 绘制正等测或其他类型的轴测图。

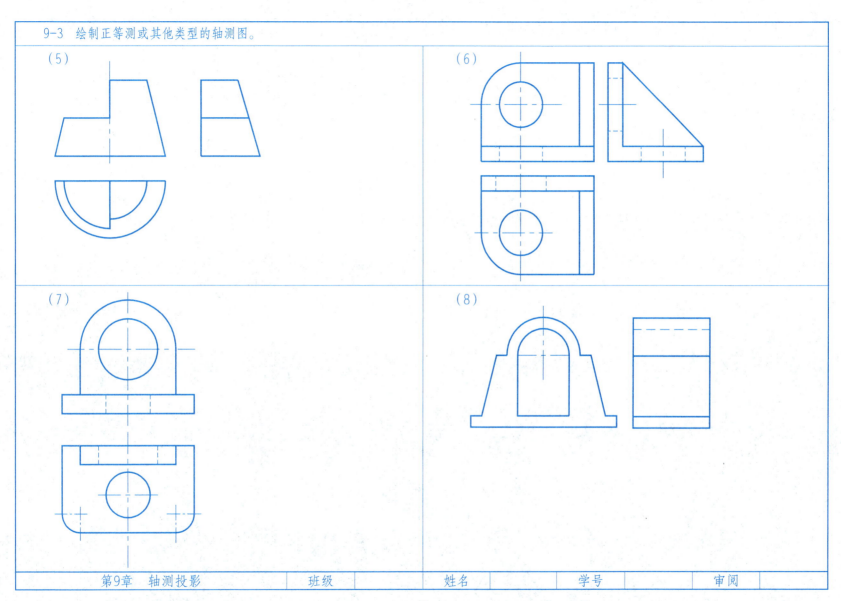

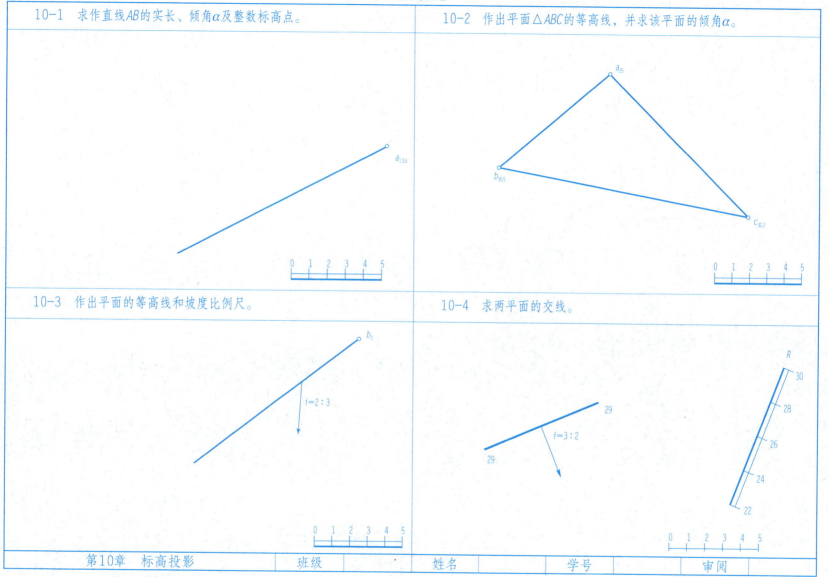

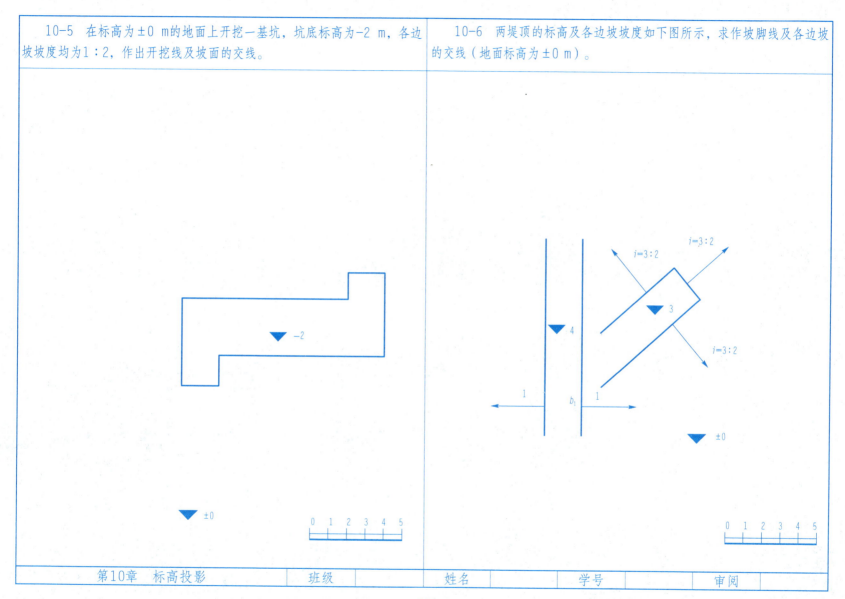

第11章 阴 影

11-1 作直线的落影。

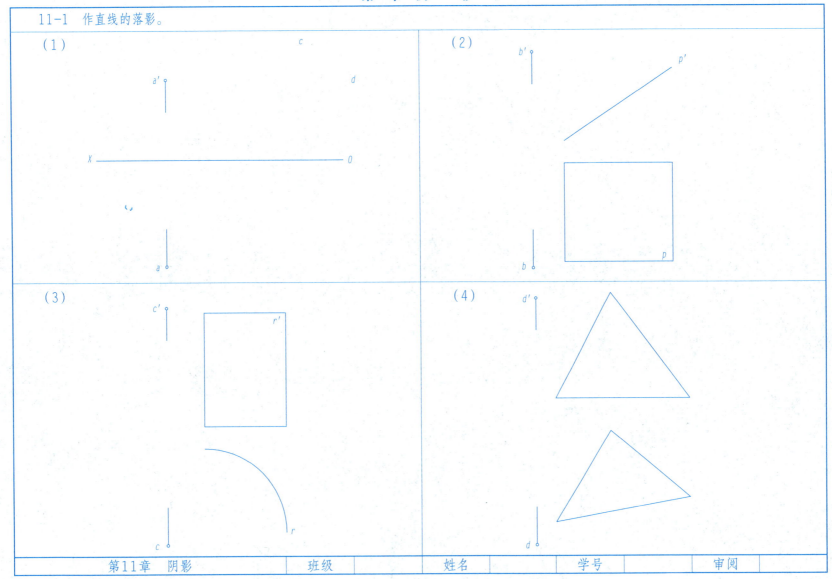

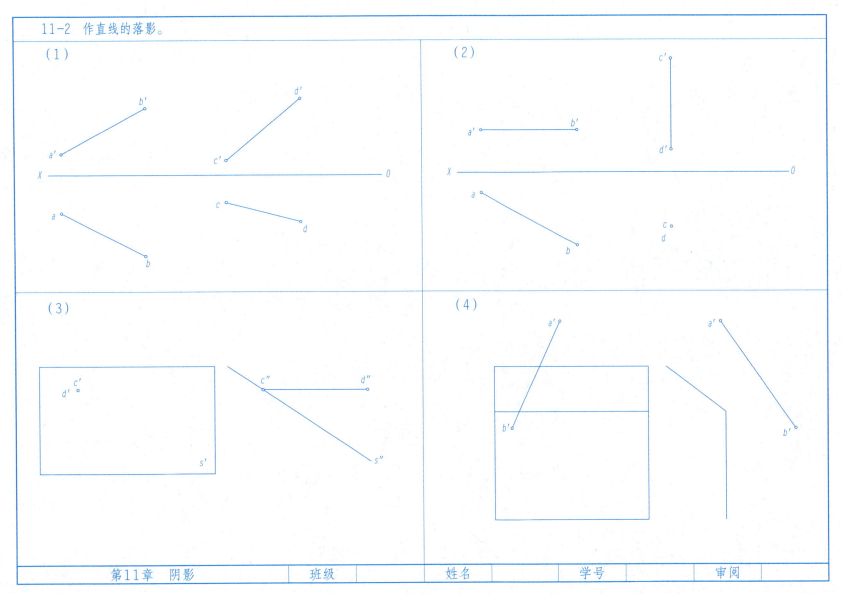

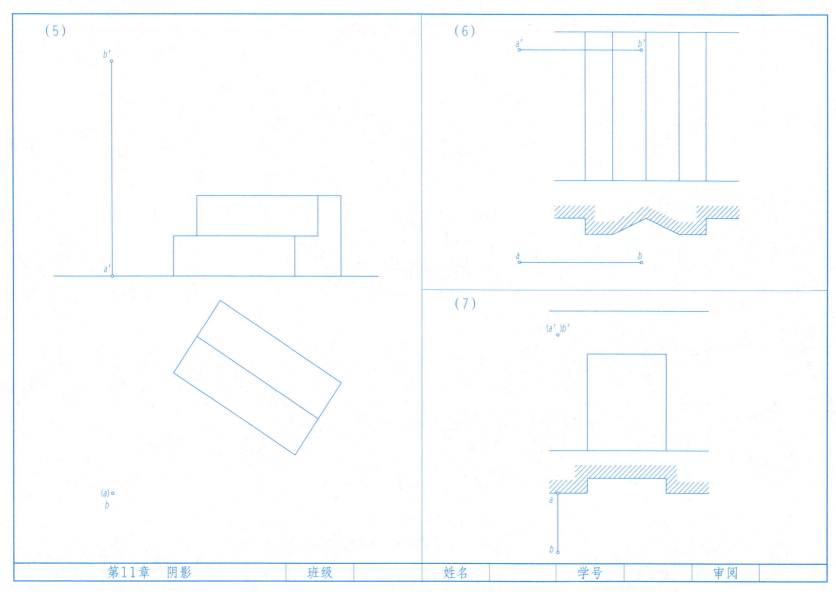

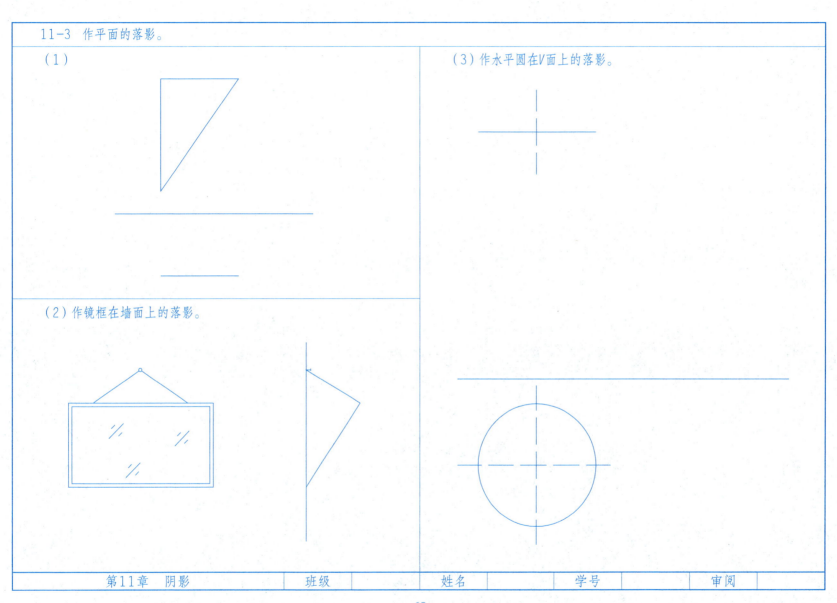

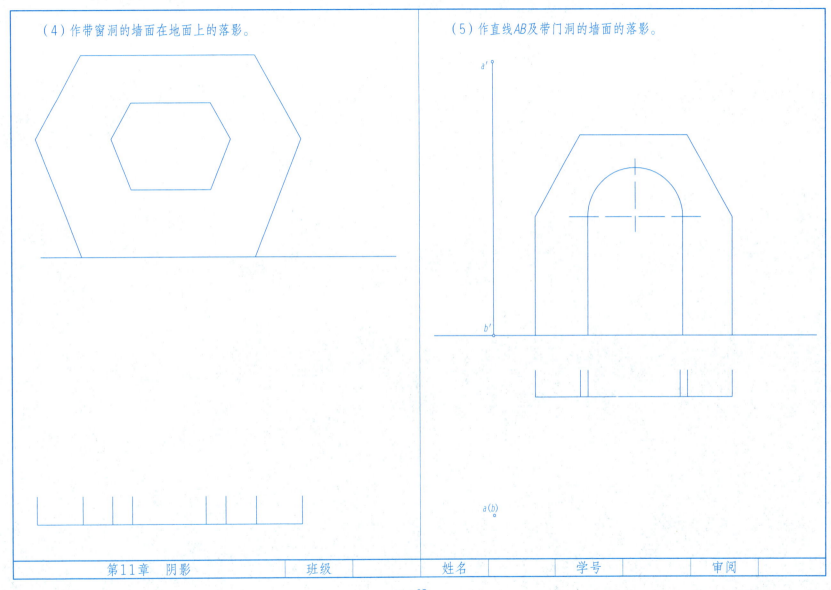

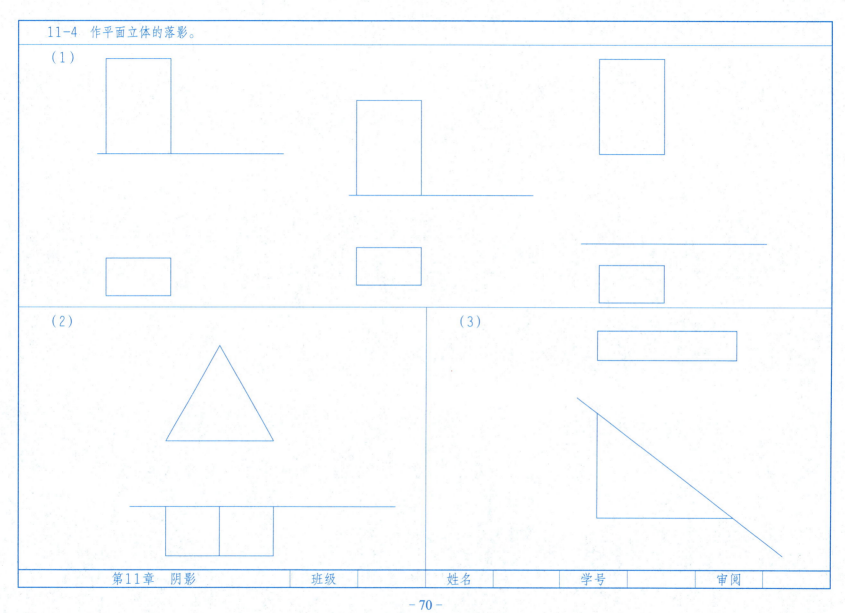

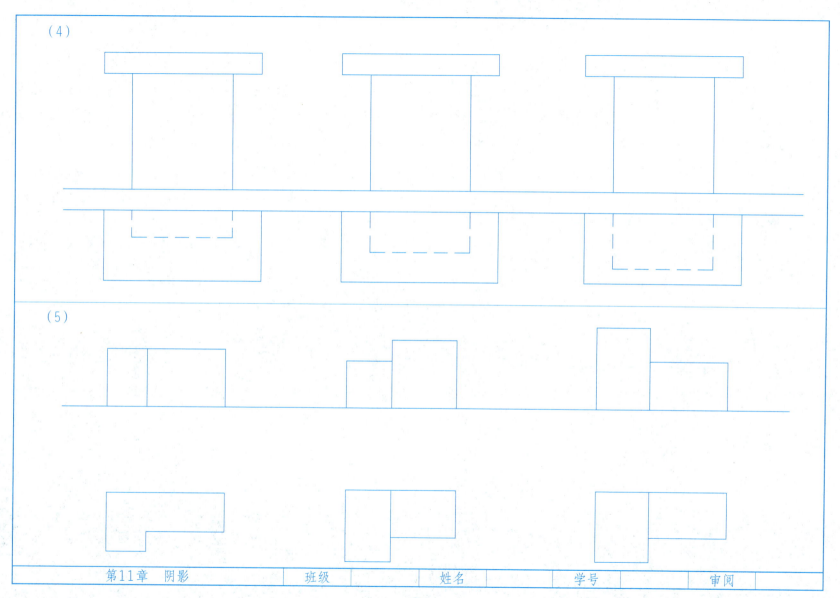

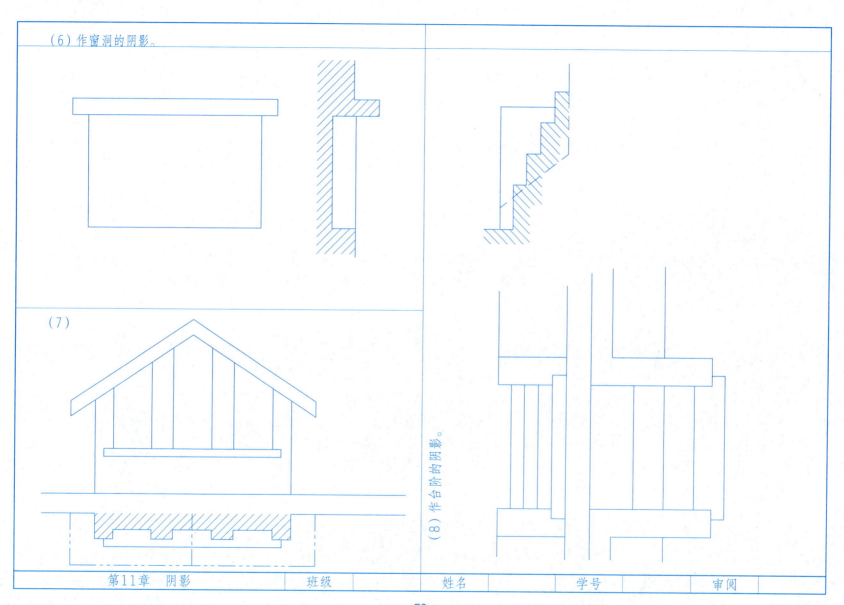

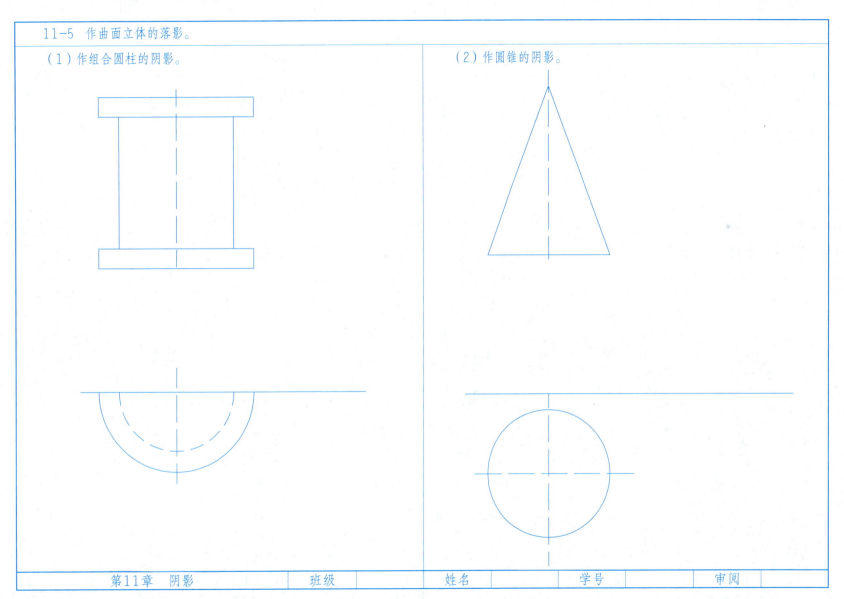

第12章 组 合 体

12-1 根据立体图找投影图。

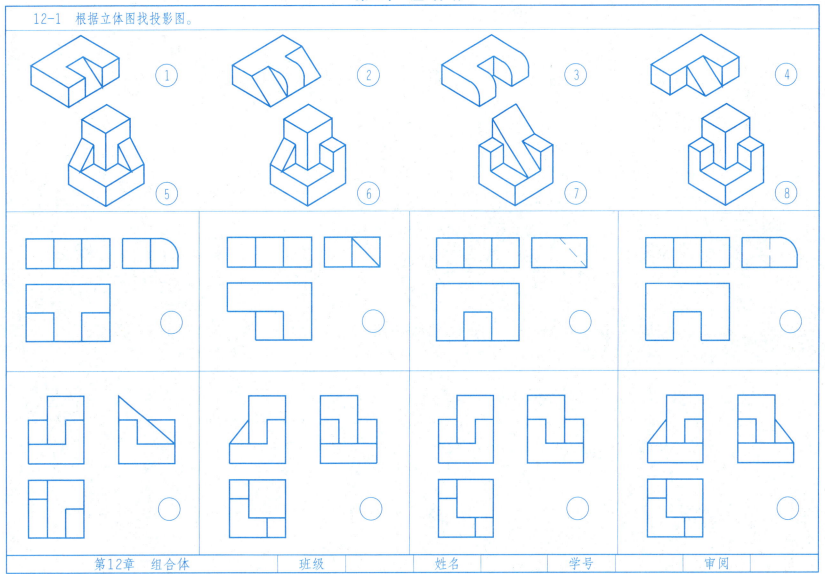

12-2 根据立体图找投影图。

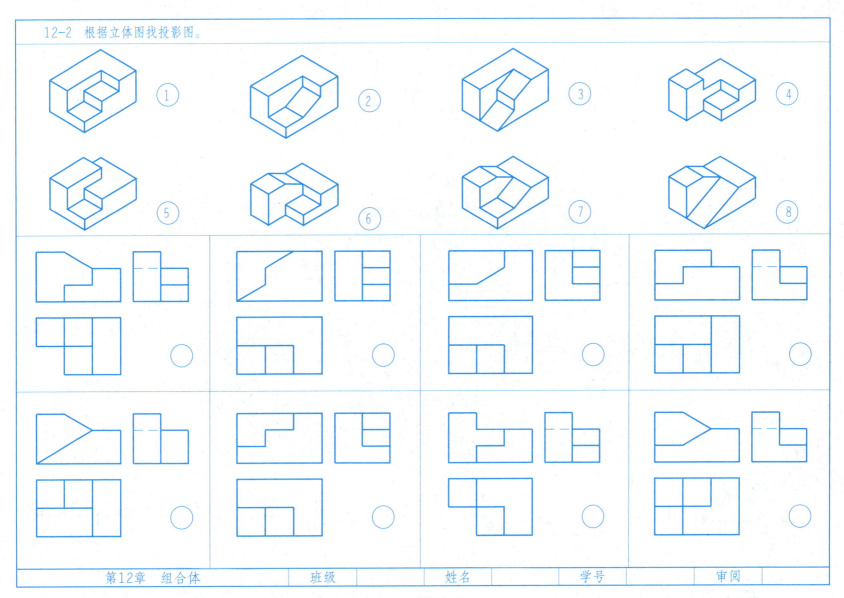

12-3 根据立体图完成组合体的三面图。

(1)

(2)

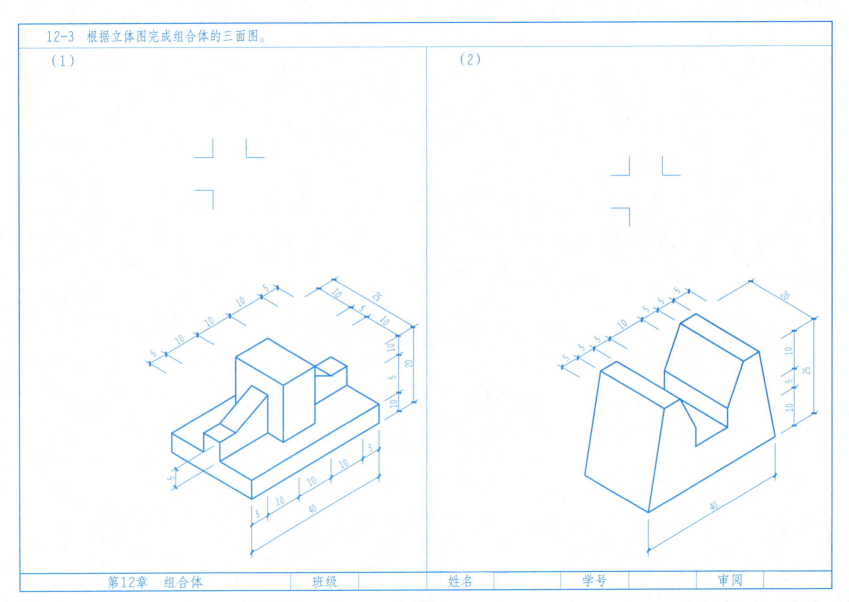

第12章 组合体

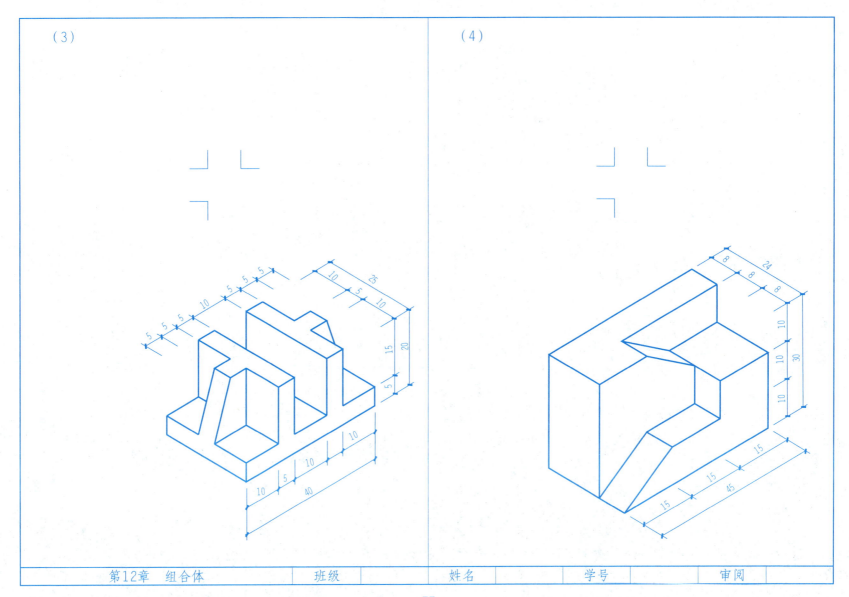

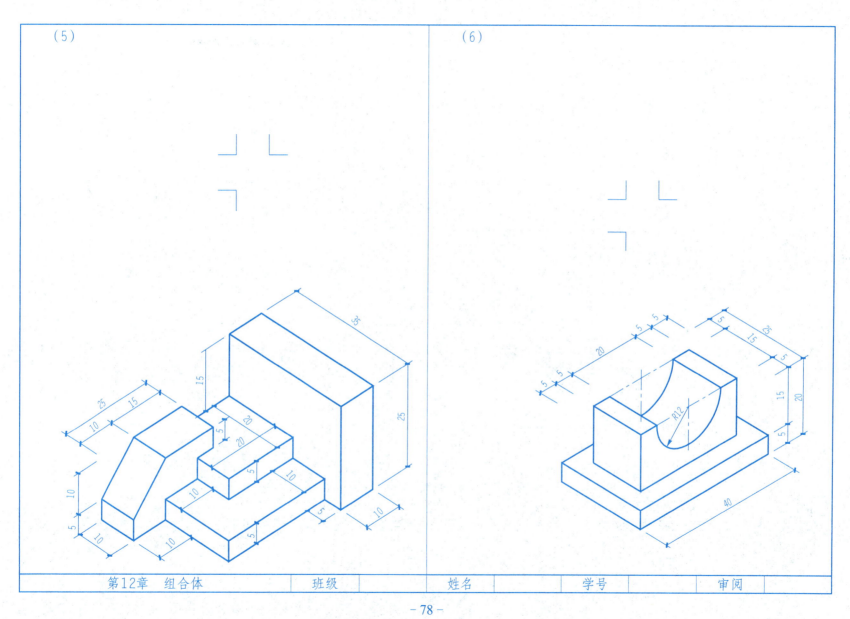

12-4 补绘形体第三投影。

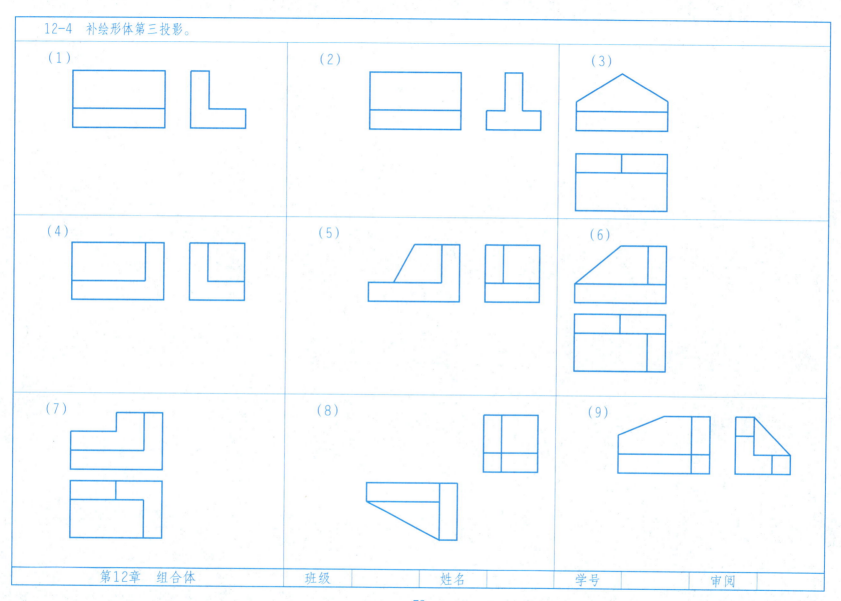

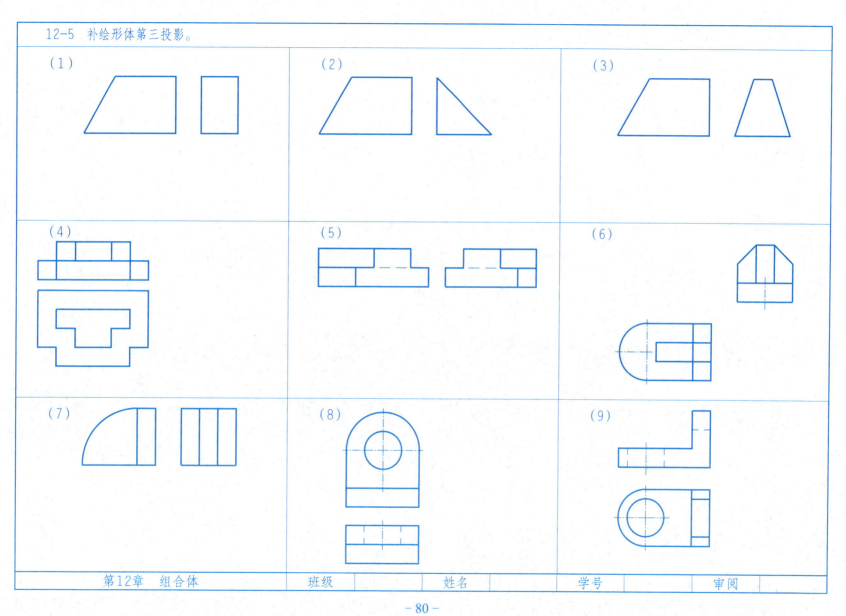

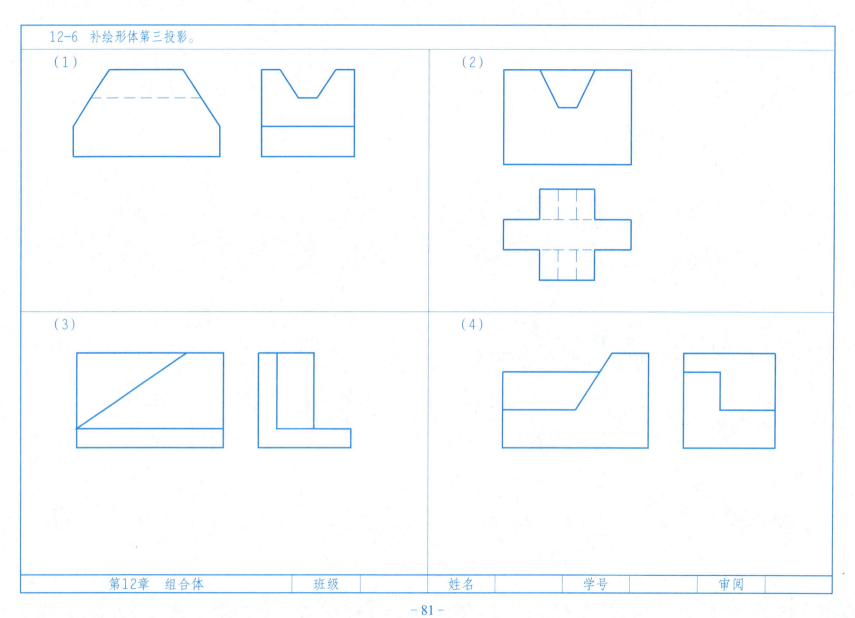

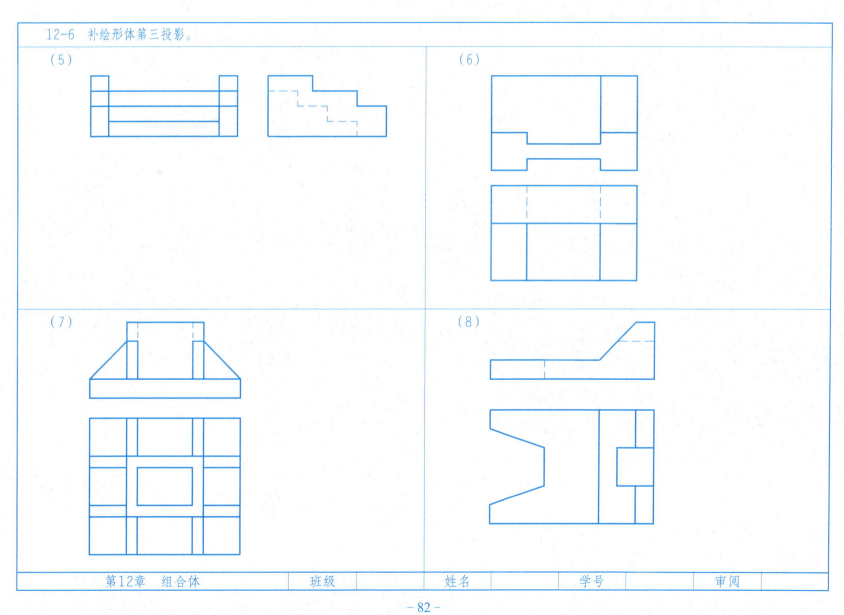

12-7 补绘三面投影中所缺的图线（包括虚线）。

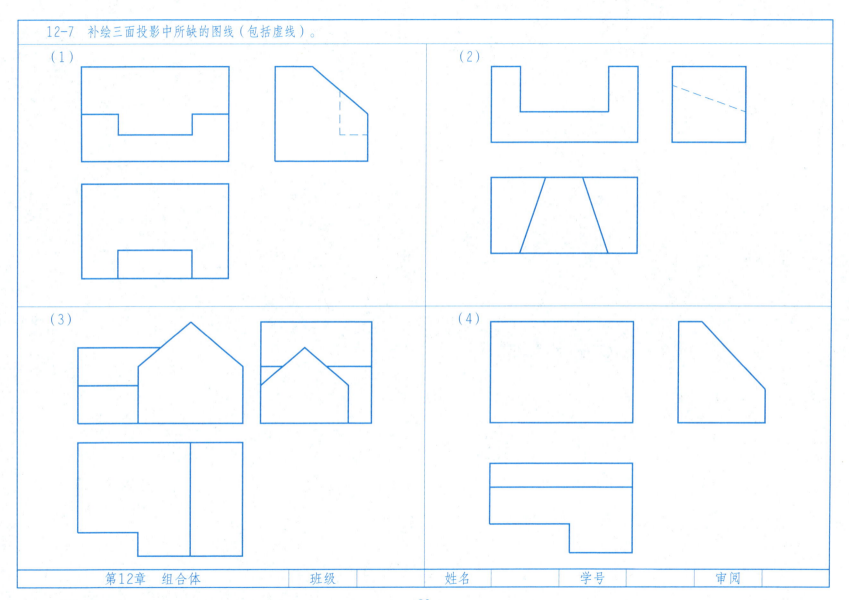

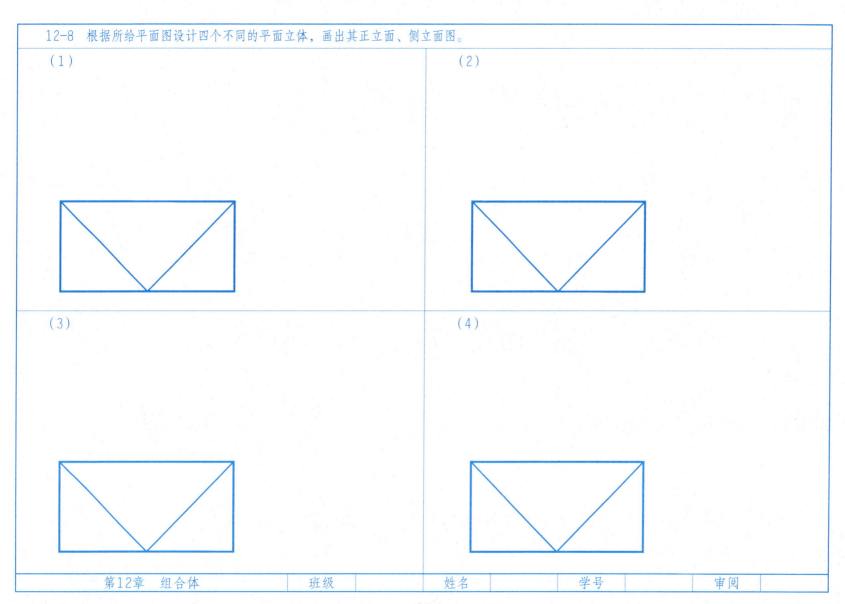

12-9 根据所给两面投影图至少设计三个不同的立体，补画它们的第三投影。

(1)

(2)

第12章 组合体

第13章 工程形体的表达方法

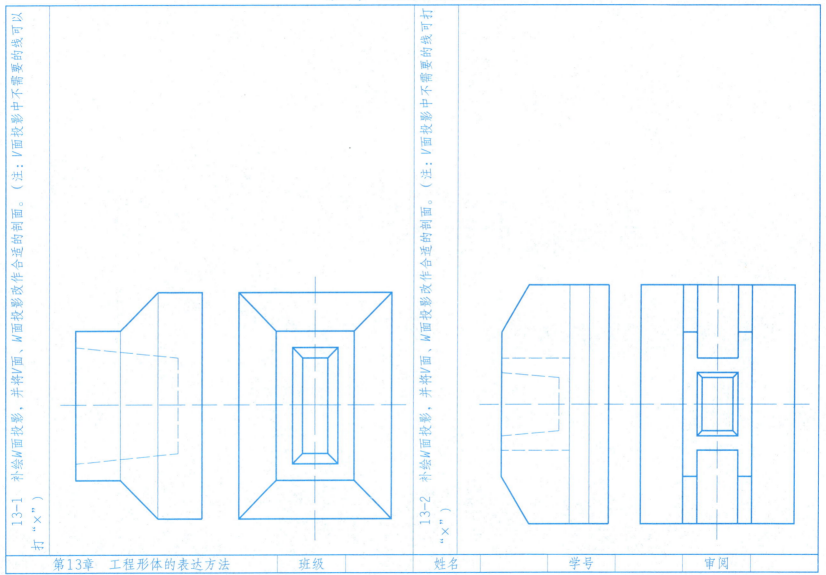

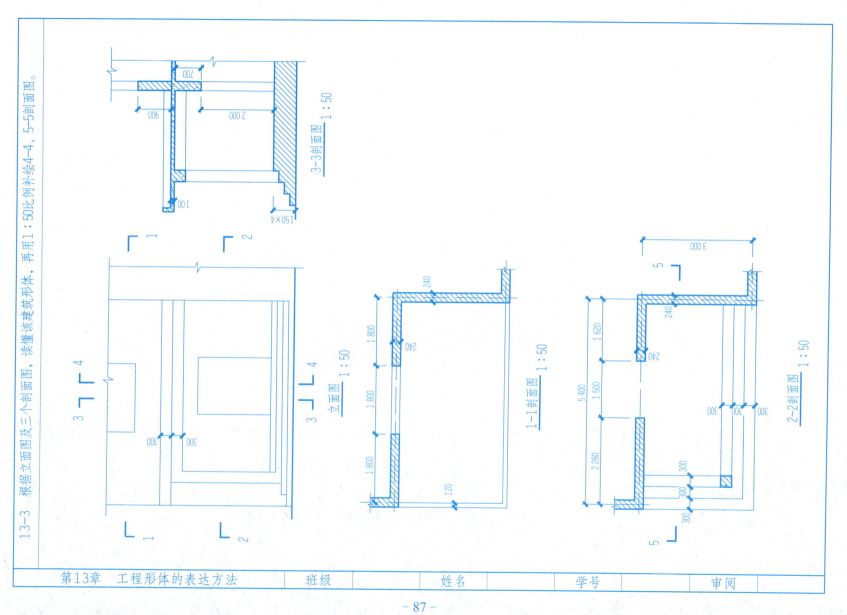

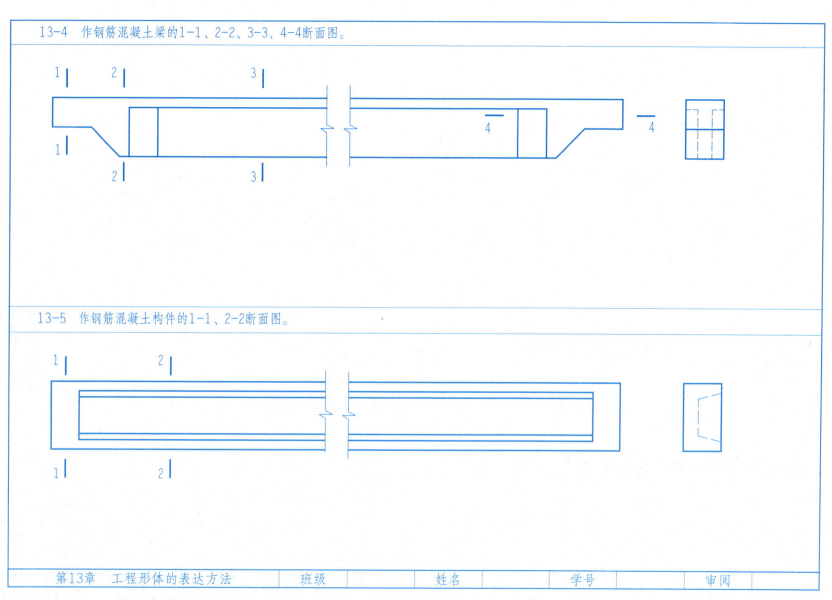

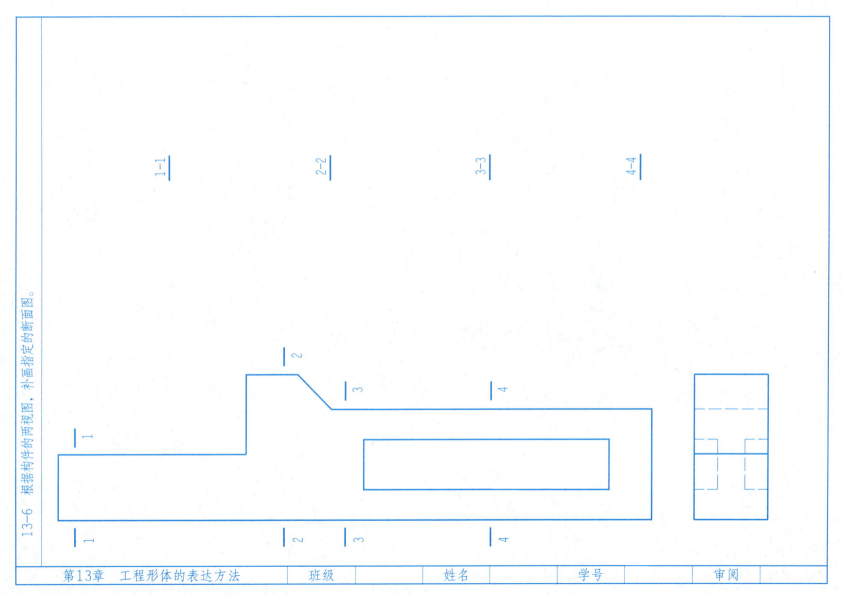

第14章　建筑施工图

建筑施工图作业指导书

认真阅读第90~100页某学生公寓建筑施工图（部分），在读懂图示内容的基础上完成下列作业。（注：教师可以根据教学计划布置具体作业和要求。该工程图选用时由六层改为四层，建筑总长也减少了47.36 m）

作业一：
1. 作业名称：建筑平面图。
2. 作业目的：
（1）熟悉一般民用建筑平面图的表达内容和图示特点。
（2）掌握绘制建筑平面图的步骤和方法。
3. 图纸幅面：A3。
4. 作业内容：用1∶100的比例抄绘第90页建筑平面图。
5. 作业要求：
（1）要在认真复习教材中建筑平面图的全部内容之后再开始绘图作业。
（2）必须按照绘图步骤进行绘图作业。
（3）要严格遵守国家制图标准的各项规定。
6. 作业说明：
（1）建议图线的基本线宽b为0.7 mm，其余各类线型应符合线宽组规定，同类线宽全图应保持一致，不同线宽应粗细分明。
（2）汉字应书写成长仿宋体，字母、数字用标准字体书写。建议房间名称、说明文字等采用5号字，图名采用7号字，定位轴线编号数字、字母的字高为5 mm，尺寸数字、标高数字和门窗编号的字高为3.5 mm。

作业二：
1. 作业名称：建筑立面图。
2. 作业目的：
（1）熟悉一般民用建筑立面图的表达内容和图示特点。
（2）掌握绘制建筑立面图的步骤和方法。

3. 图纸幅面：A3。

4. 作业内容：用1∶100的比例抄绘第94页建筑立面图。

5. 作业要求：

（1）要在认真复习教材有关建筑立面图的全部内容之后再开始绘图作业。

（2）必须按照绘图步骤进行绘图作业。

（3）要严格遵守国家制图标准的各项规定。

6. 作业说明：

（1）建议图线的基本线宽 b 为0.7 mm，其余各类线型应符合线宽组规定，同类线宽全图应一致，不同线宽要粗细分明。

（2）汉字应书写成长仿宋体，字母、数字用标准字体书写。建议图中汉字采用5号字（字高5 mm），图名采用7号字（字高7 mm），定位轴线编号数字的字高为5mm，尺寸数字、标高数字的字高为3.5 mm。

作业三：

1. 作业名称：建筑剖面图。

2. 作业目的：

（1）熟悉一般民用建筑剖面图的表达内容和图示特点。

（2）掌握绘制建筑剖面图的步骤和方法。

3. 图纸幅面：A3。

4. 作业内容：用1∶100的比例抄绘第97页1-1剖面图(也可以补绘2-2剖面图）。

5. 作业要求：

（1）要在认真复习教材中建筑剖面图的全部内容之后再开始绘图作业。

（2）要严格按照绘图步骤进行绘图作业。

（3）必须严格遵守国家制图标准的各项规定。

6. 作业说明：

（1）建议图线的基本线宽 b 为0.7 mm，其余各类线型应符合线宽组规定，同类线宽全图应一致，不同线宽要粗细分明。

（2）汉字应书写成长仿宋体，字母、数字用标准字体书写。建议图名采用7号字（字高7 mm），定位轴线编号字母的字高为5 mm，尺寸数字、标高数字等字高为3.5 mm。

作业四：

1. 作业名称：楼梯详图。

2. 作业目的：

（1）熟悉一般民用建筑楼梯详图的表达内容和图示特点。

（2）掌握绘制楼梯详图的步骤和方法。

3. 图纸幅面：A2。

4. 作业内容：用1∶50的比例抄绘第98、99页楼梯平面图、剖面图，用1∶5的比例抄绘节点详图。

5. 作业要求：

（1）要在认真复习教材中楼梯详图的全部内容之后再开始绘图作业。

（2）必须严格按照绘图步骤进行绘图作业。

（3）要严格遵守国家制图标准的各项规定。

6. 作业说明：

（1）建议图线的基本线宽 b 为0.7 mm，其余各类线型应符合线宽组规定，同类线宽全图应一致，不同线宽要粗细分明。

（2）汉字应书写成长仿宋体，字母、数字用标准字体书写。建议图中汉字的字高为5 mm，图名字高为7 mm，定位轴线编号数字、字母的字高为5 mm，尺寸数字、标高数字和门窗编号等字高为3.5 mm。

作业五：

1. 作业名称：墙身节点详图。

2. 作业目的：

（1）熟悉一般民用建筑墙身节点详图的表达内容和图示特点。

（2）掌握绘制墙身节点详图的步骤和方法。

3. 图纸幅面：A3。

4. 作业内容：用1∶20的比例抄绘第100页外墙身剖面详图。

5. 作业要求：

（1）要在认真复习教材中墙身节点详图的全部内容之后再开始绘图作业。

（2）、（3）以及"6.作业说明"均同作业四。

第14章　建筑施工图	班级	姓名	学号	审阅

14-1 一层建筑平面图。

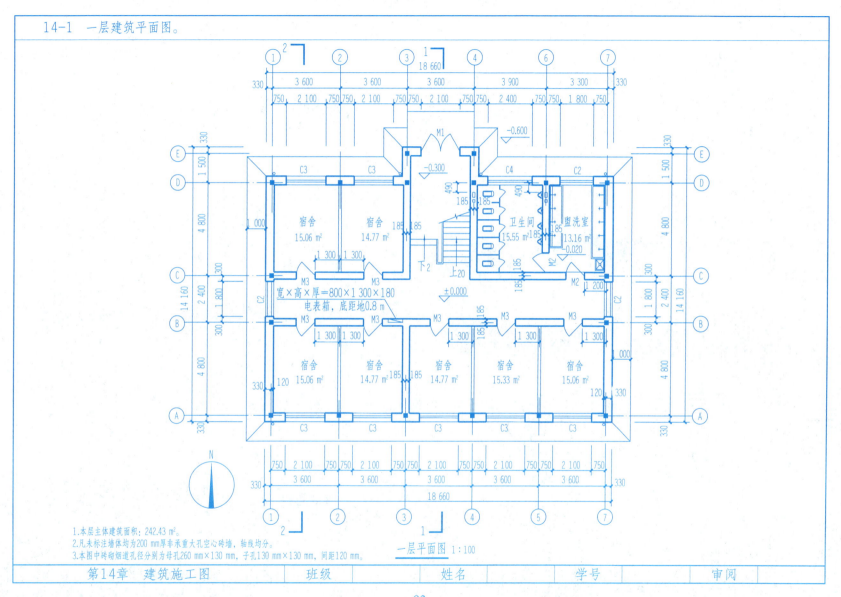

一层平面图 1:100

1. 本层主体建筑面积: 242.43 m²。
2. 凡未标注墙体均为200 mm厚非承重大孔空心砖墙,轴线均分。
3. 本图中砖砌烟道孔径分别为母孔260 mm×130 mm, 子孔130 mm×130 mm, 间距120 mm。

第14章 建筑施工图

14-2 标准层平面图。

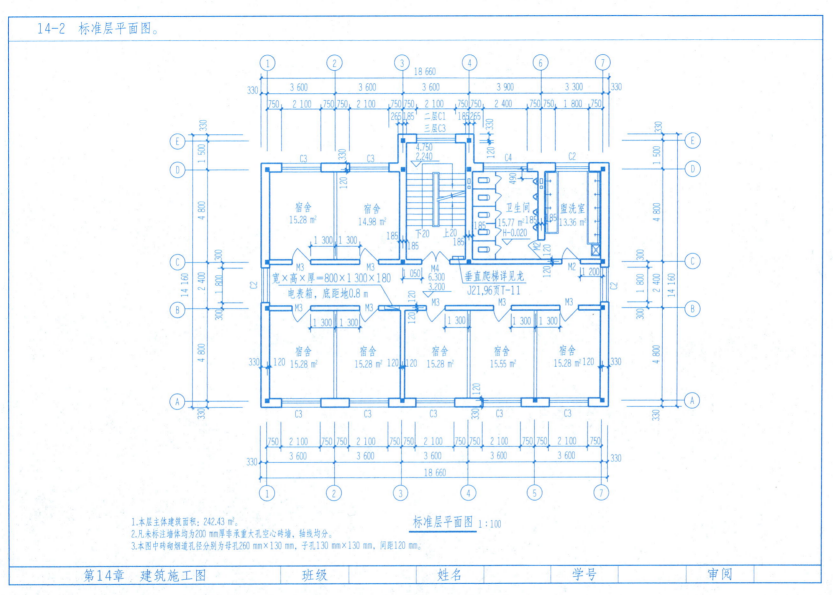

14-3 顶层平面图。

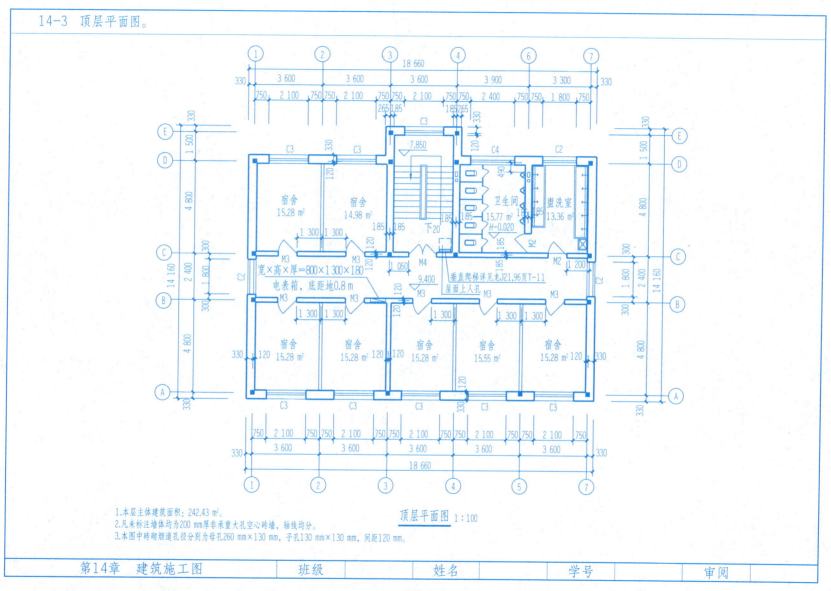

顶层平面图 1:100

1. 本层主体建筑面积：242.43 m²。
2. 凡未标注墙体均为200 mm厚非承重大孔空心砖墙，轴线均分。
3. 本图中砖砌烟道孔径分别为母孔260 mm×130 mm，子孔130 mm×130 mm，间距120 mm。

第14章　建筑施工图

14-4 屋顶平面图。

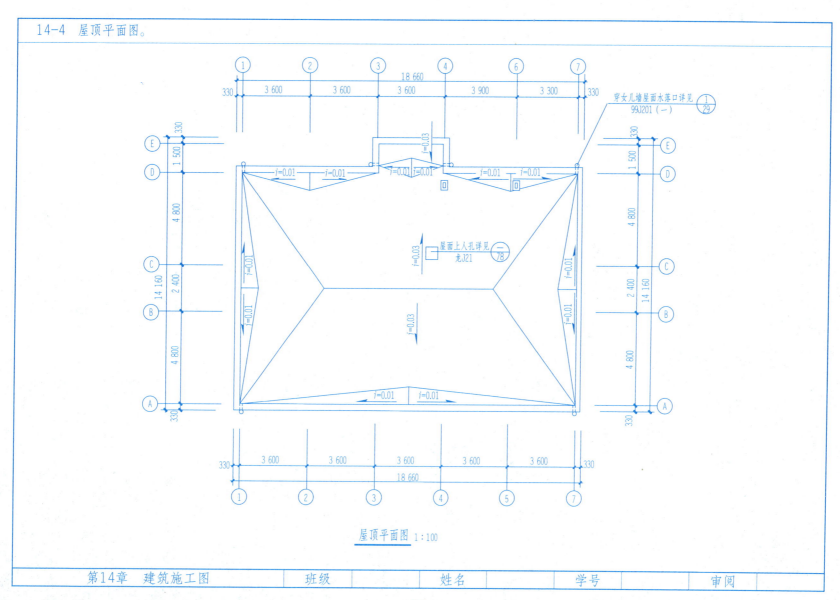

屋顶平面图 1:100

14-5 南立面图。

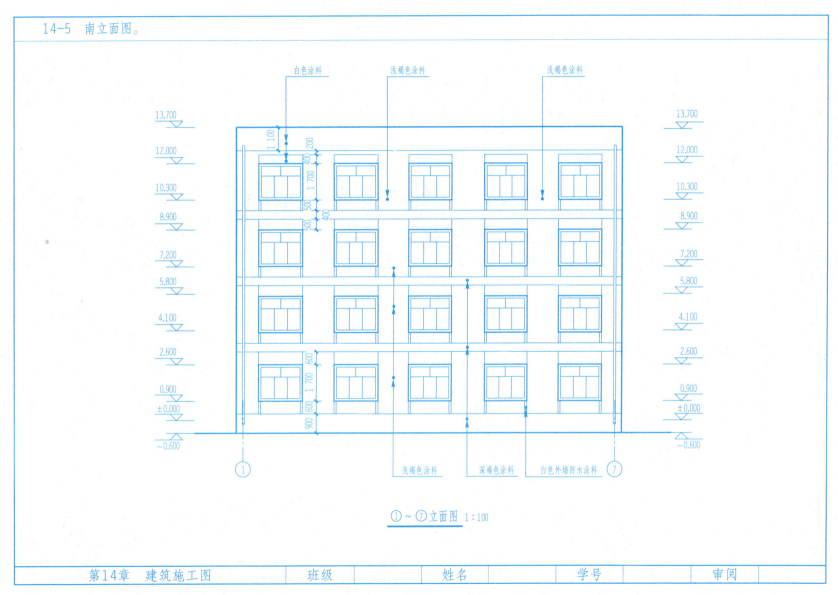

14-6 北立面图。

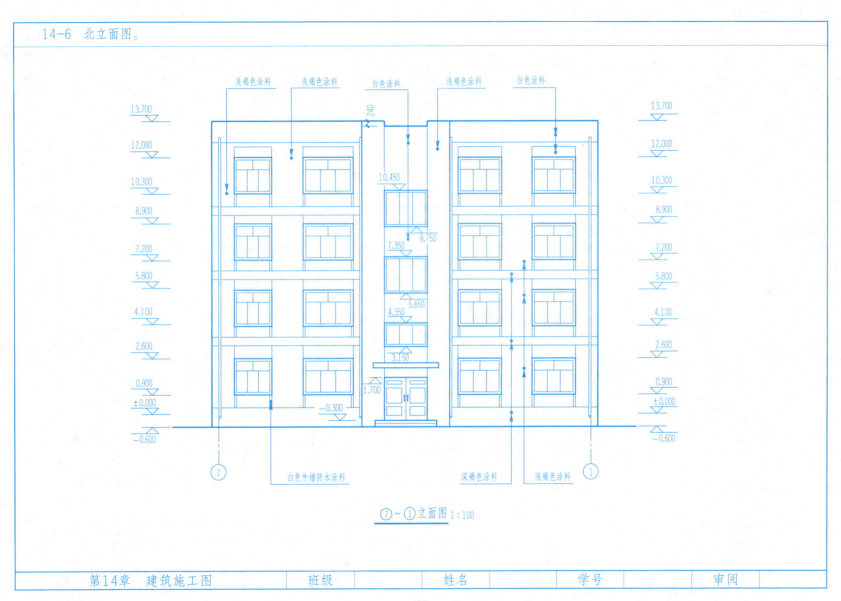

14-7 东立面图。

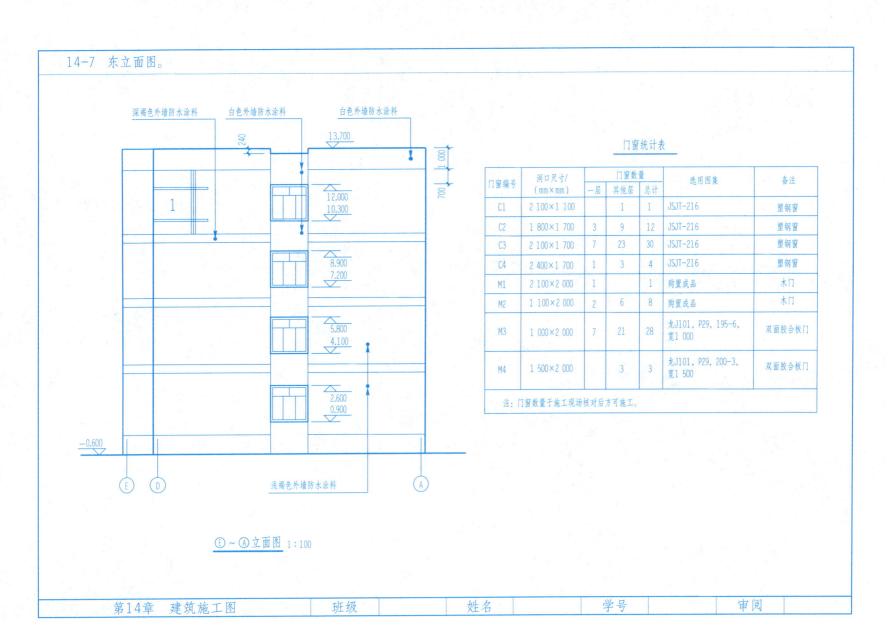

14-8 建筑剖面图。

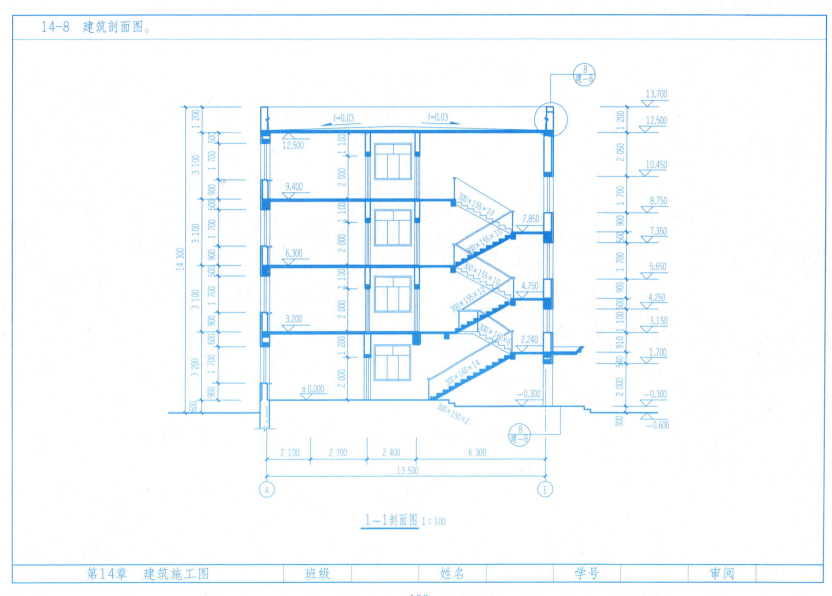

1—1剖面图 1:100

14-9 楼梯平面图。

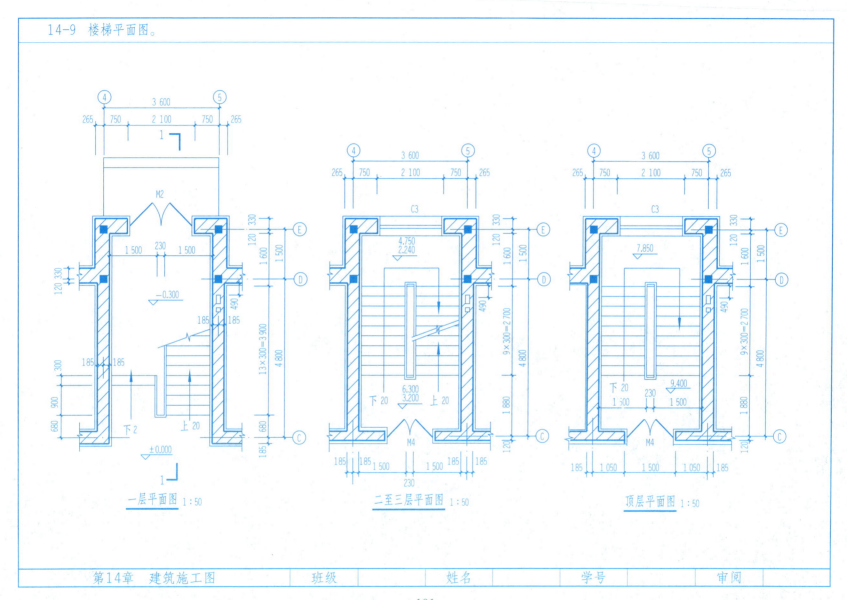

14-10 楼梯剖面图、楼梯节点详图。

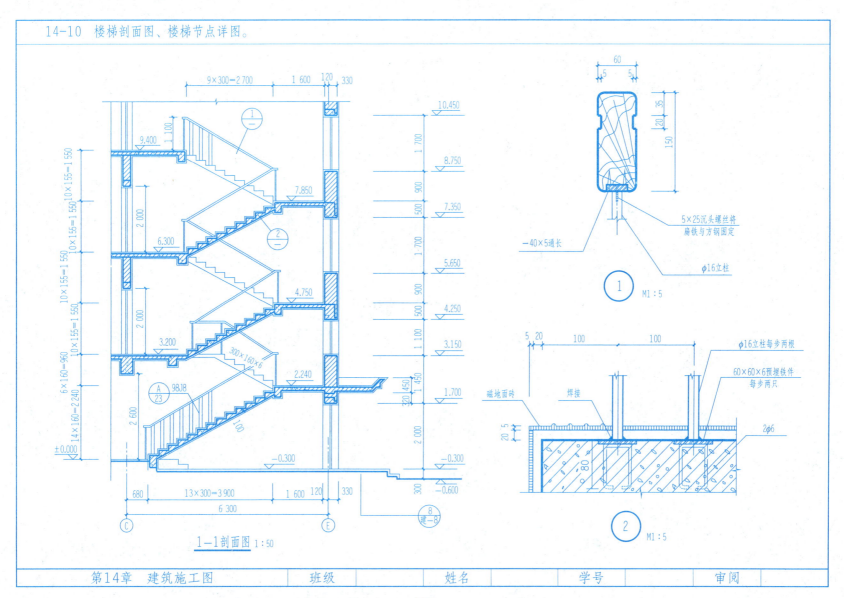

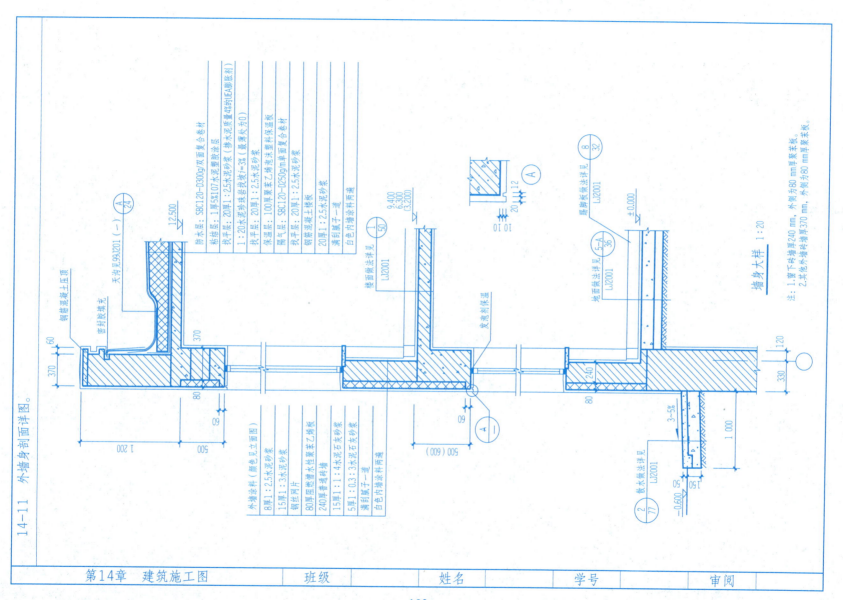

第15章 结构施工图

15-1 阅读钢筋混凝土梁配筋立面图及已知的断面图,用A3图纸抄绘已知的配筋立面图、断面图,补画其他断面图。

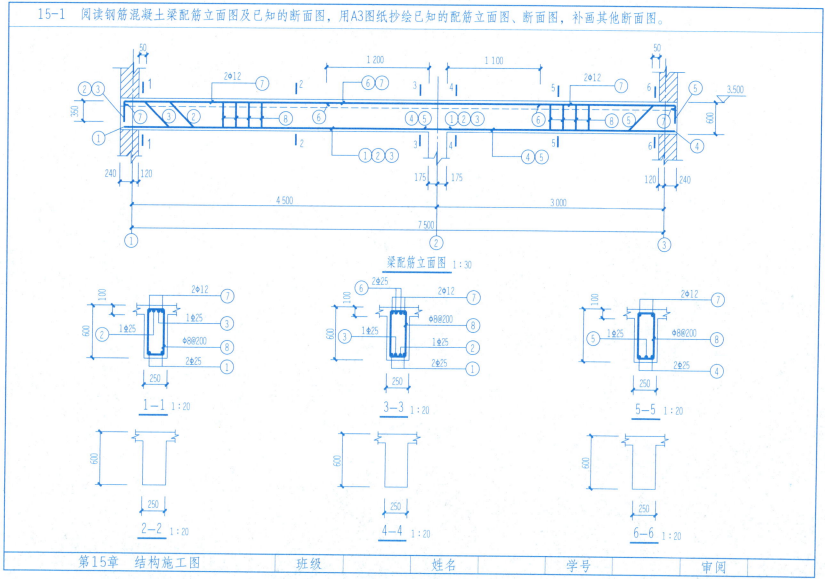

15-2 基础图。

（1）阅读本页的基础平面布置图(钢筋混凝土条形基础)和下一页中的基础详图。
（2）用A2图幅抄绘基础平面布置图及基础详图1-1，补绘基础详图6-6，按照注明的比例绘图。

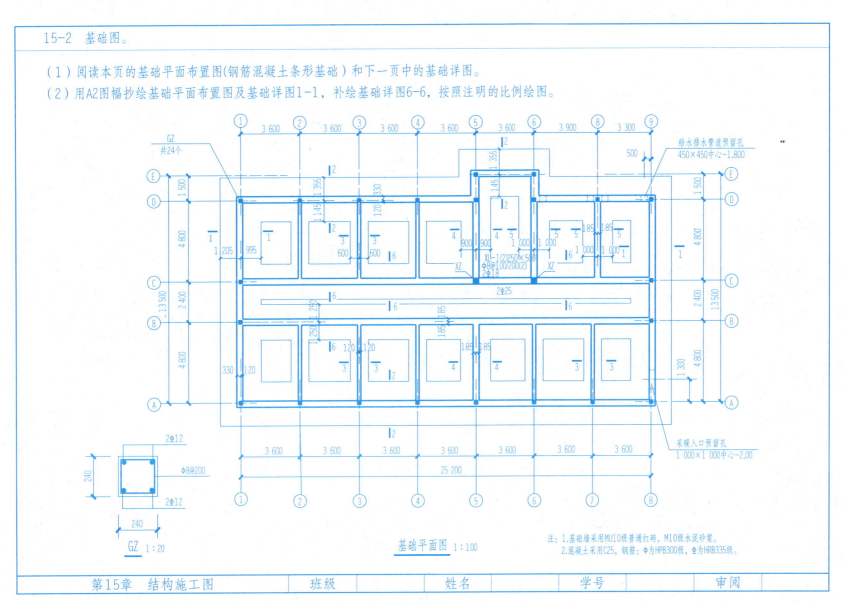

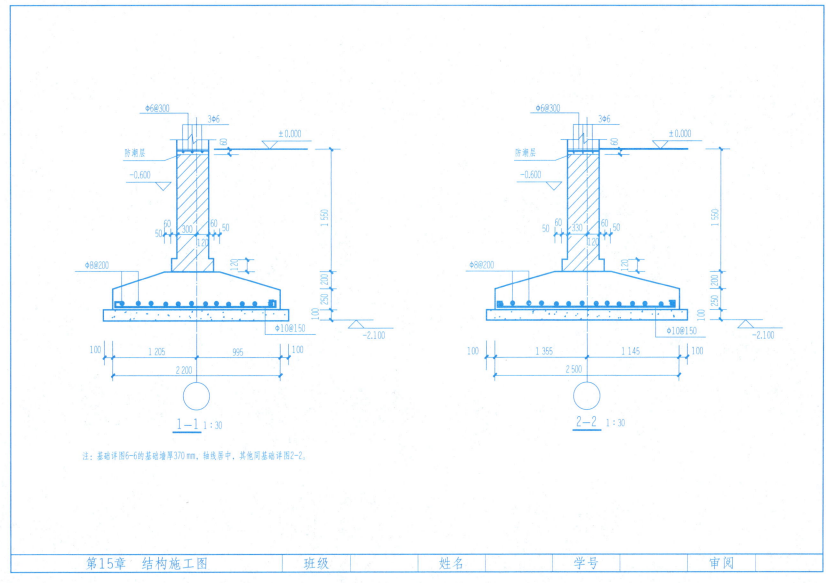

注：基础详图6-6的基础墙厚370 mm，轴线居中，其他同基础详图2-2。

| 第15章 结构施工图 | 班级 | 姓名 | 学号 | 审阅 |

15-3 楼层结构平面布置图。

（1）阅读楼层结构平面布置图。　　（2）用A3图幅抄绘楼层结构平面布置图，按1∶100的比例绘制。

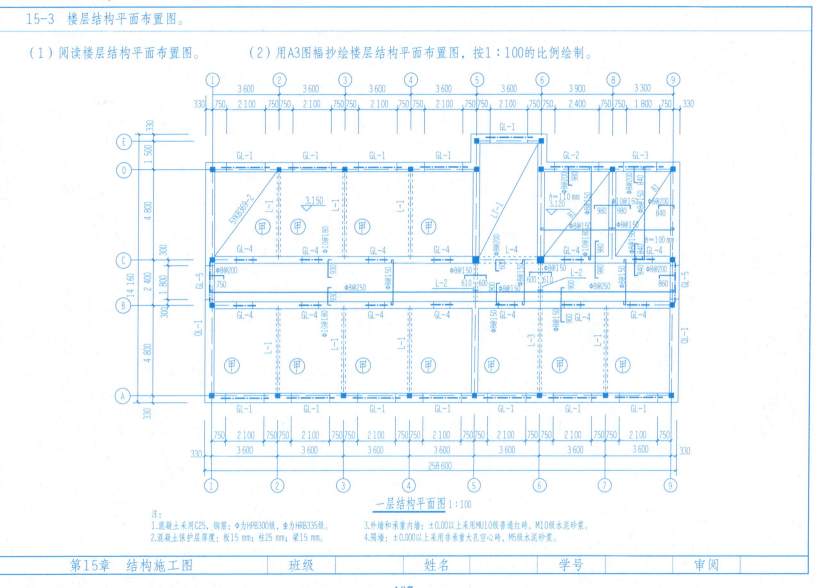

一层结构平面图 1∶100

注：
1. 混凝土采用C25，钢筋：Φ为HPB300级，Φ为HRB335级。
2. 混凝土保护层厚度：板15 mm；柱25 mm；梁15 mm。
3. 外墙和承重内墙：±0.00以上采用MU10级普通红砖，M10级水泥砂浆。
4. 隔墙：±0.000以上采用非承重大孔空心砖，M5级水泥砂浆。

第16章 设备施工图

16-1 阅读第105~108页某学生公寓给水排水施工图,在读懂的基础上,在A2图纸上抄绘一层给水排水平面图、二~四层给水排水平面图、给水和排水系统图。
(注:1.教师根据教学计划指定具体绘图作业。
2.消防给水图样没有录入本习题。)

给水排水及消防设计说明

消防给水部分:
1. 室内消防用水量为15 L/s,火灾延续时间为2 h。
2. 消火栓充实水柱长7 m,水龙带长25 m。
栓口直径70 mm,栓口距地面1.1 m,水枪喷嘴口径19 mm。
3. 每个消火栓处均设直接启动消防水泵的按钮,并应设有保护按钮的设施。
4. 消火栓系统采用焊接钢管。

生活给水部分:
1. 生活给水引自院内供水管网。
2. 生活给水采用PPR管材。
生活排水管采用UPVC塑料管材。排水出屋面管径扩大一号。

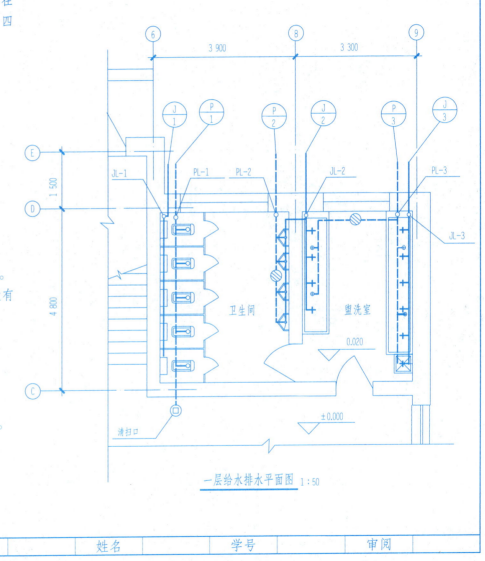

一层给水排水平面图 1:50

给水排水及消防设计说明（续）

3. 管道穿过墙壁均设0.5 mm铁皮套管，其两端应与饰面相平。穿过楼板时应配合土建施工预留孔洞，设钢制套管，其顶部应高出地面50 mm，底部应与楼板相平。

4. 给水横管坡度为0.002～0.005，坡向放水装置。生活排水管道的最小坡度按下列规定采用：

$DN50$	$i=0.012$	$DN75$	$i=0.010$
$DN100$	$i=0.008$	$DN125$	$i=0.007$
$DN150$	$i=0.040$	$DN200$	$i=0.004$

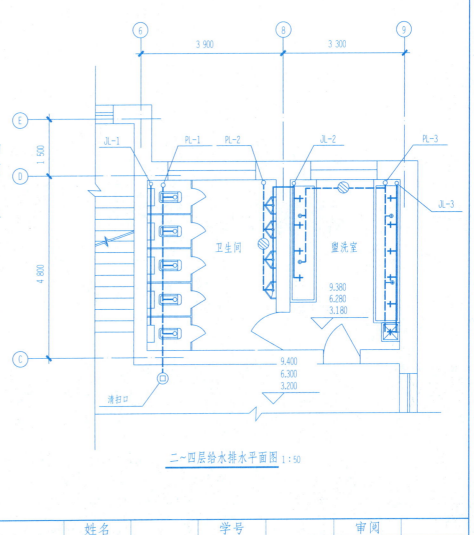

二～四层给水排水平面图 1:50

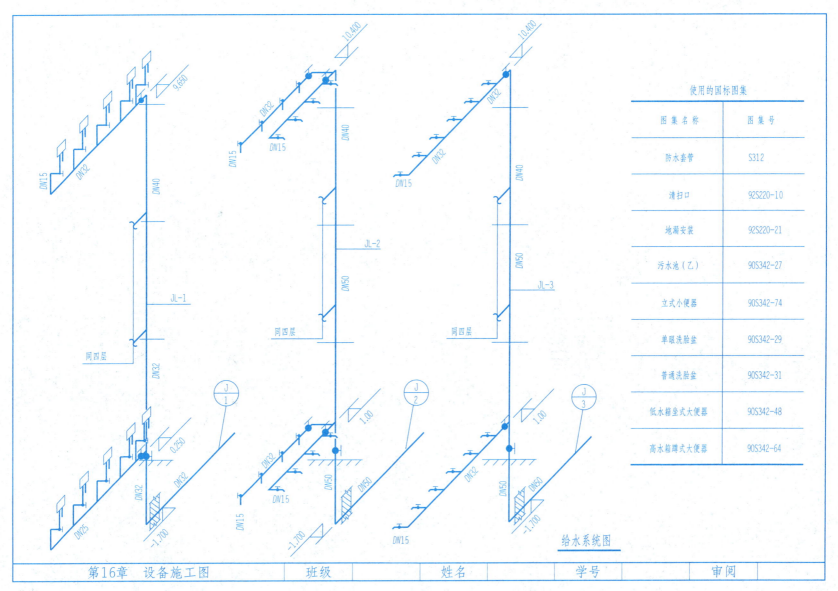
给水系统图

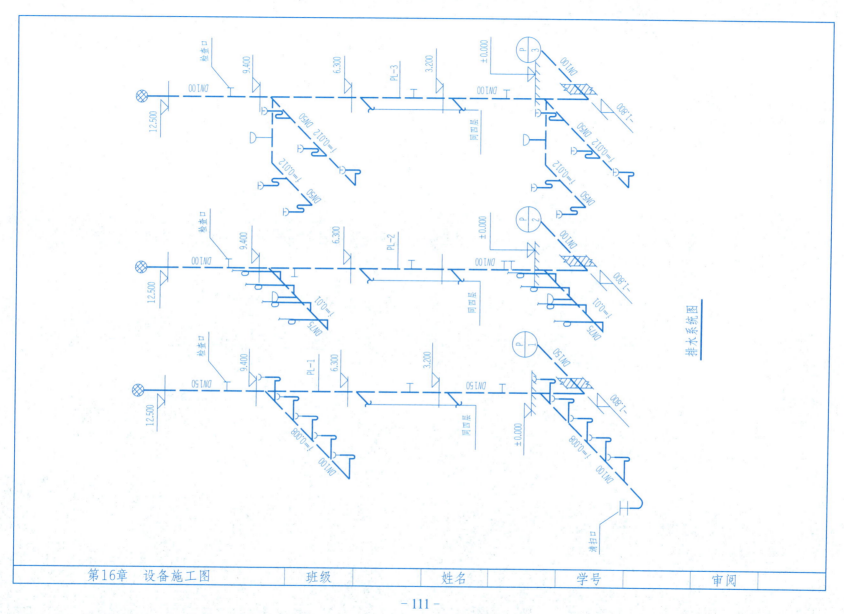

16-2 阅读第109~113页某学生公寓采暖施工图，在读懂的基础上，用三张A3图纸分别抄绘一层采暖平面图、二~三层采暖平面图、采暖系统图二（或由教师指定绘图作业）。

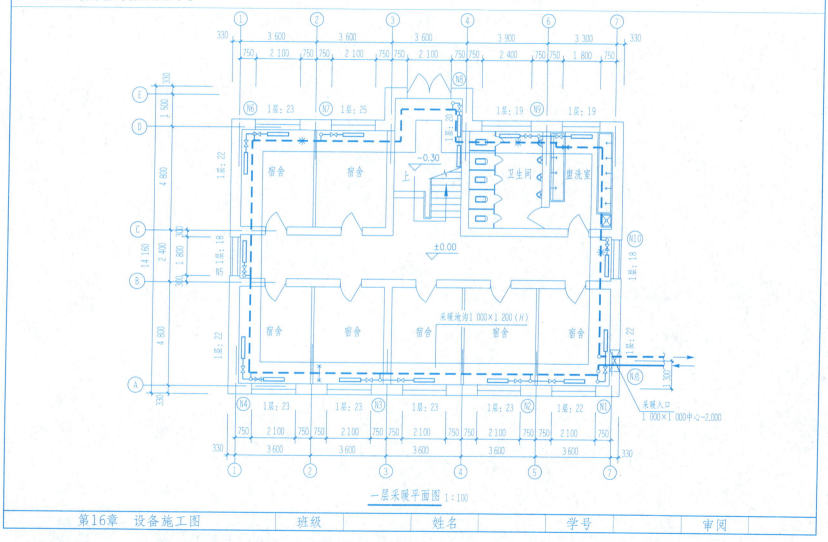

一层采暖平面图 1:100

| 第16章 设备施工图 | 班级 | 姓名 | 学号 | 审阅 |

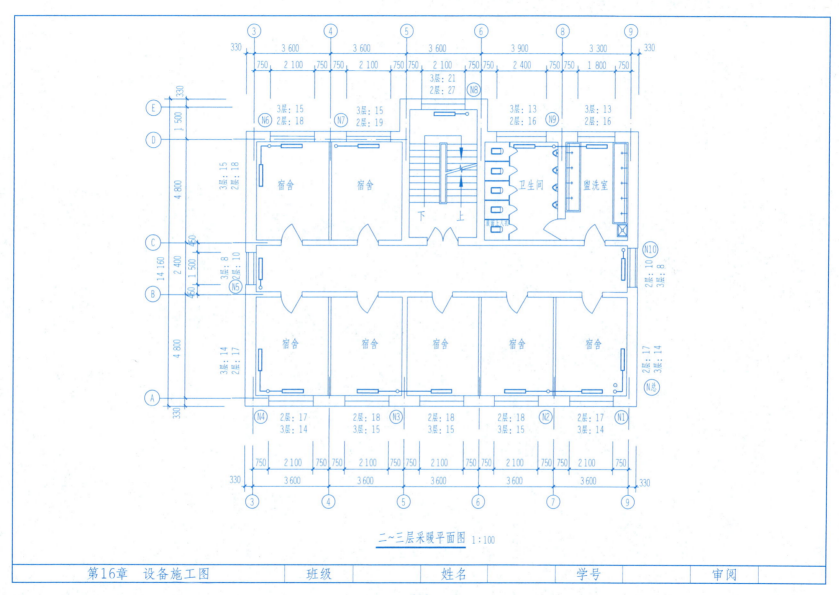

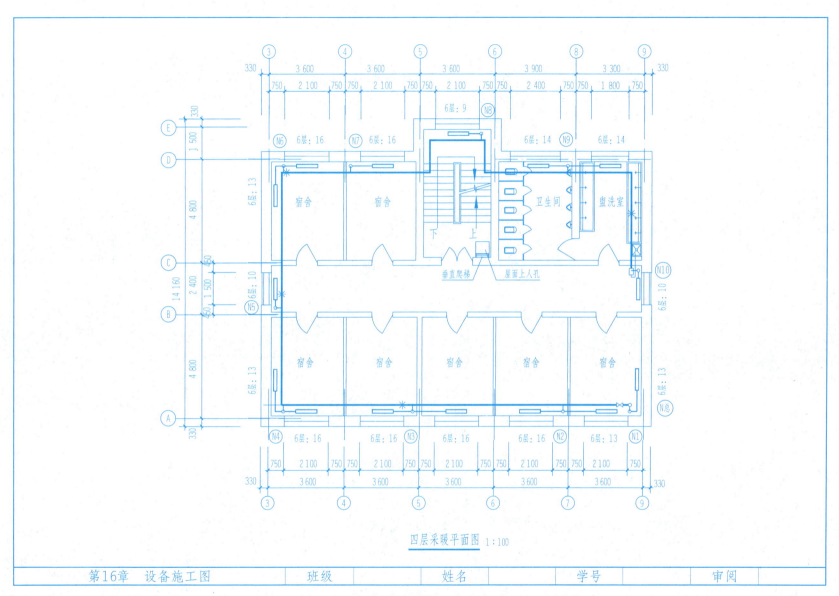

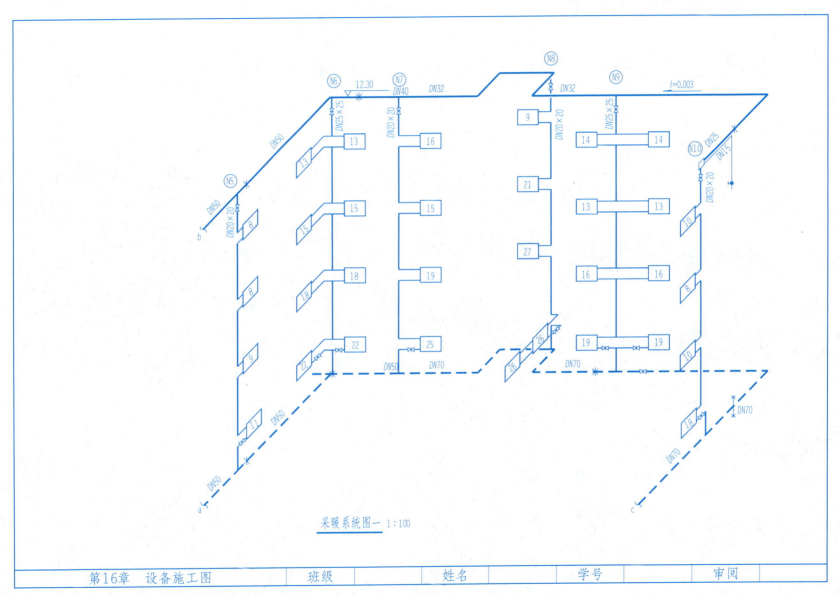

采暖系统图一 1:100

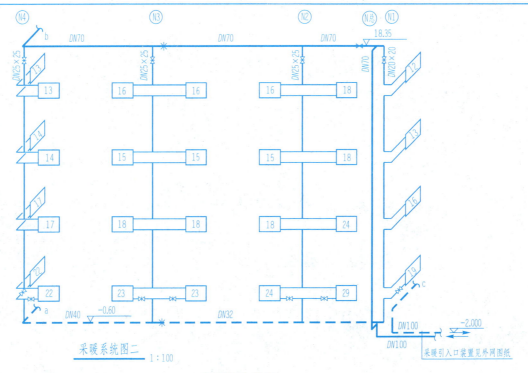

采暖系统图二 1:100

采暖设计说明

1. 本工程供暖系统为连续供热，热媒参数均为85℃/60℃由室外热力网供应采暖供回水。

2. 散热器采用N132型，平面图数字表示散热器片数。大于20片分两组安装。散热器之间串联管径散热器接口同径。散热器片数以平面图标注为准。散热器工作压力为6 kg/cm²。

3. 采暖管道采用焊接钢管。$d \leq 32$ mm为丝接，$d \geq 40$ mm为焊接。90°弯头的弯曲半径$R=4D$。

4. 标高注法：标注管道中心。

5. 采暖管道坡向见系统图，坡度$i=0.003$。

6. 采暖明设管道、管架、散热器刷两道防锈漆、两道银粉，地沟内管道及底层供水干管刷两道防锈漆。用岩棉保温管壳保温。

7. 散热器及支架安装见国标N112。
集气罐为横式$D \times L = 150$ mm$\times 300$ mm，见国标图T903。放水管引至地漏处。

8. 采暖设计总热负荷为300 000 kcal/h。
设计压力损失为900 mm水柱。

9. 阀门：采暖立支管阀门均采用截止阀。

16-3 阅读第114~118页某学生公寓电气施工图，在清楚图示内容的基础上，用一张A2幅图纸绘制一层照明平面图和系统图—（或由教师指定绘图作业）。

电气设计说明

1. 本工程正常电源3N-50 Hz。220/380 V引自校园变电所YJV22型电缆埋地引入。做总等电位接地。接地保护线由MEB箱引出。事故照明采用自带镉镍电池应急灯。平时不亮，事故时点亮。

2. 低压配电室设于一层，设总表计量。各宿舍分别设表计量。

3. 低压配电柜落地安装。一层干线走地面暗设。各宿舍分户箱干线沿密闭防火线槽沿棚下墙面明敷。

4. 配线：干线采用YJN型电缆，其余采用BV-500铜芯线，干线穿镀锌钢管暗配，照明支线穿FPC阻燃塑料管。1~3根穿管FPC15，4~6根穿管FPC20沿墙体、现浇板暗设。

5. 卫生间及洗衣房做局部等电位，详见02D501-2。

6. 走廊正常照明灯头可采用声控。

7. 设有防雷及总等电位接地及消火栓敲击开关。

（注：第7项内容的图样限于习题集的篇幅没有录入）

图例	
○	室内为扁圆吸顶灯，40 W/个
●	防水圆球吸顶灯，40 W/个
▭	吸顶双管日光灯，2×40 W/个
🝳	安全型二加三孔暗插座，底距地0.5 m暗设TCL型K系列
⏜	雨篷为防水扁圆吸顶灯，40 W/个
⬥	门上安全疏散指示类，20 W/个。门上0.15 m暗设400×160×70自带镉镍电池应急灯，30分
→⊗	安全疏散指示类，20 W/个。底距地0.5 m暗设。400×160×70自带镉镍电池应急灯，30分
⊗	吊杆安全疏散指示类，20 W/个。吊下0.5 m，400×160×70自带镉镍电池应急灯，30分
▬	配电箱，详见系统图。底距地0.5 m暗设，电表箱底距地0.8 m暗设
✎ ✎ ✎	一、二、三联开关。底距地1.3 m暗设
⊕	排气扇，位于风口
Ⓢ	事故照明灯2×40 W/个。平时40 W可控，事故40 W自带镉镍电池应急灯，30分
▮	宿舍开关箱。底距地1.8 m暗设
▯	安全型防溅三相四孔暗插座，底距地1.8 m暗设

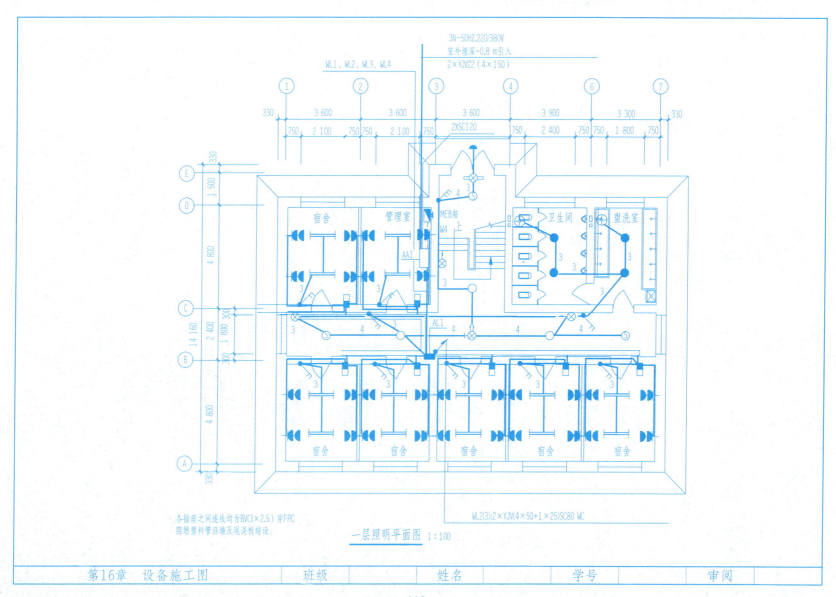

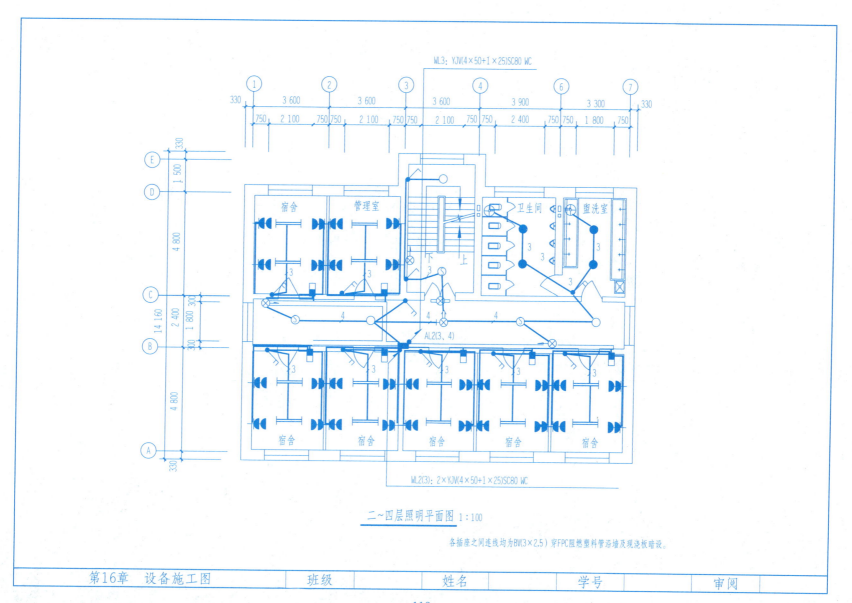

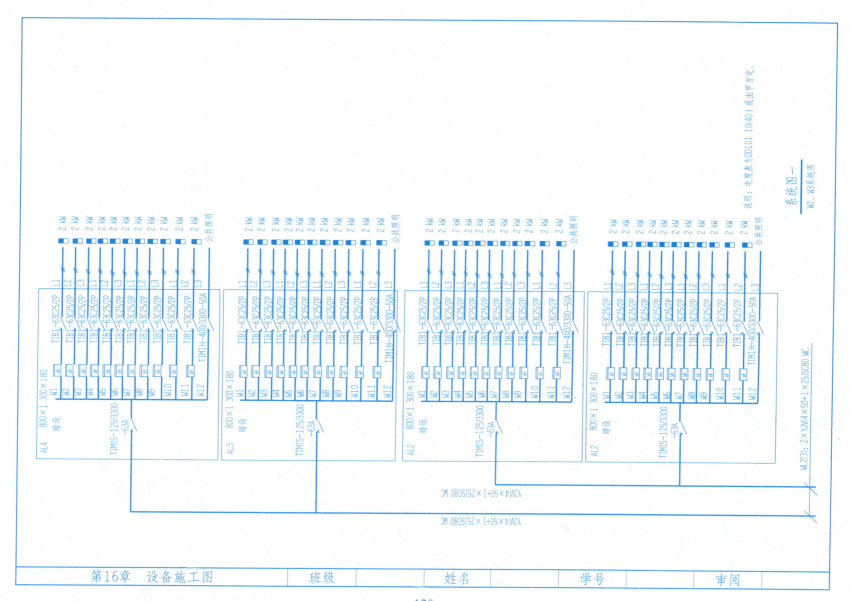

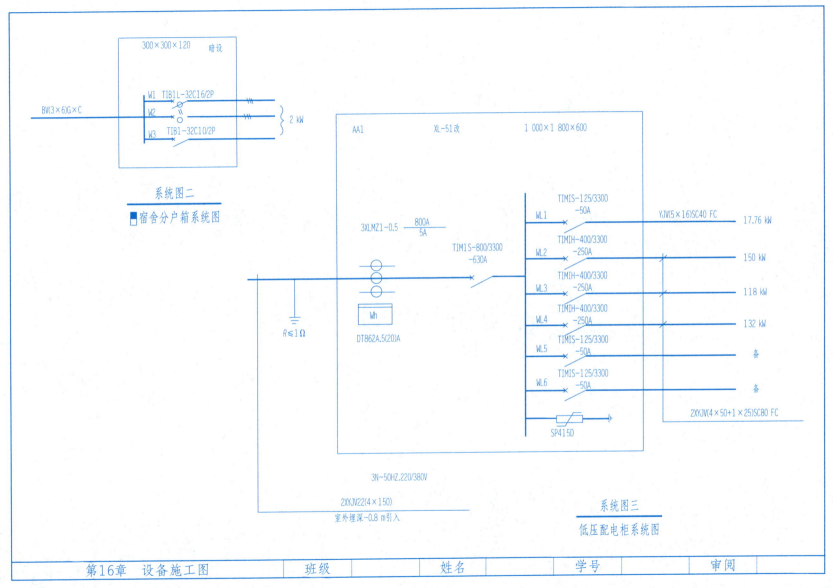

第17章 道桥施工图

17-1 复习教材中道路纵断面图的内容,识读下面的道路纵断面图,弄清楚图示内容后完成第120页的练习题。

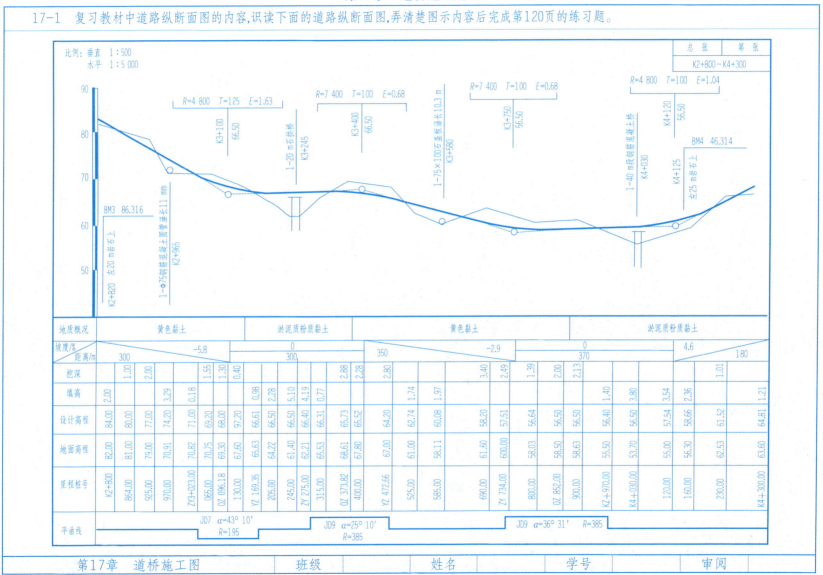

17-2　阅读前一页的道路纵断面图，完成下列习题。

一、填空题

道路纵断面图主要包括_____和_____两部分内容。路线的竖向比例是纵向比例的_____倍，在纵断面的左侧按竖向比例画的有_____。道路设计线用_____线表示。在桩号为K3+400处的竖曲线为_____形竖曲线，其符号用_____线绘制，在其水平线上方标_____值，分别为_____。道路沿线的地质情况为_____。道路平面图的示意图中直线路段用_____线表示；向左及向右转弯，分别用_____线表示，折线的起点和终点应对准里程桩号栏中_____位置。图中JD9为转角是_____，半径为_____的_____转弯曲线。图中4.6/180表示坡度为_____，坡长为_____的_____坡段；-2.9/350表示坡度为_____，坡长为_____的_____坡段。在桩号为K3+580处有一座截面为_____的_____涵；在桩号K4+030处有一个_____桥。沿线所设水准点应按其所在里程在设计线上方或下方引出标注，标出其编号、高程和相对路线的位置。在K4+125处左25 m处岩石上设有标高为_____的第_____号水准点。图中各桩点的里程数值，单位为_____。

二、思考题

1．什么是道路工程图？一般包括哪些图样？

2．道路纵断面图有哪些图示特点？包括哪些内容？

3．说明道路纵断面图中资料表中每一项的作用。

4．纵断面图中的纵横比例如何？为什么不采用相同的比例？

17-2 抄绘桥台构造图（作业样图，建议用A3图幅）。

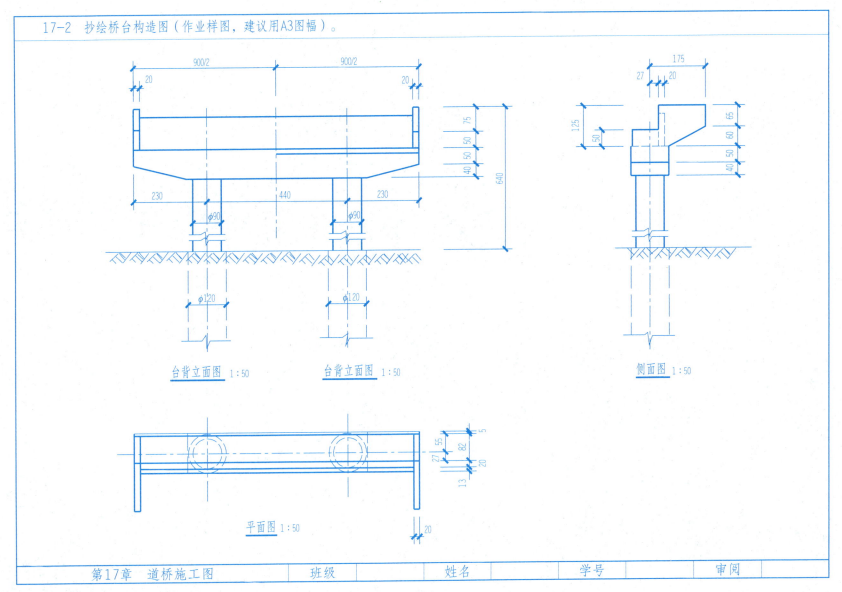

17-3 抄绘桥墩构造图（作业样图，建议用A2图幅绘图）。

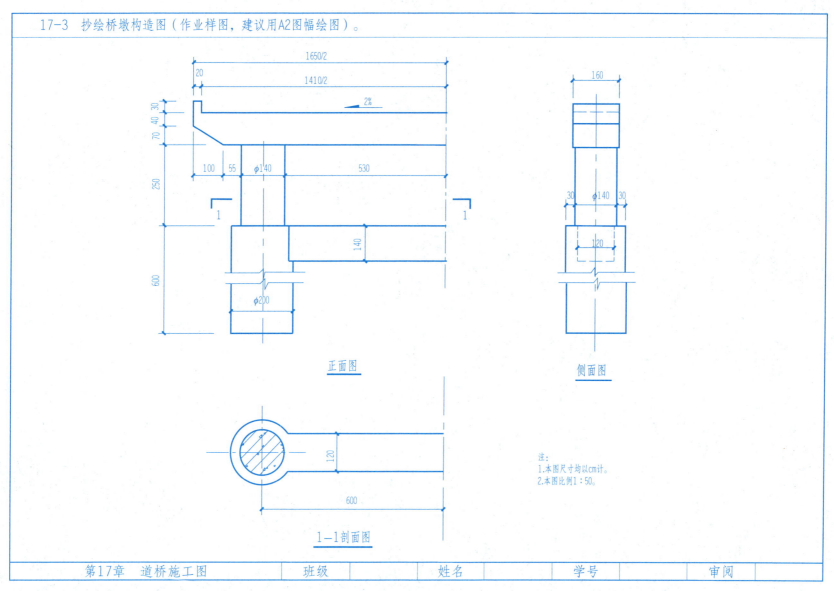

17-4 识读桥墩墩柱配筋图。

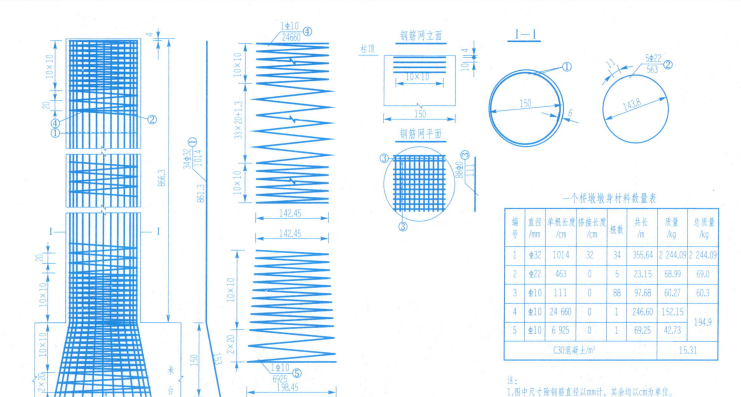

一个桥墩墩身材料数量表

编号	直径/mm	单根长度/cm	搭接长度/cm	根数	共长/m	质量/kg	总质量/kg
1	ф32	1014	32	34	355.64	2 244.09	2 244.09
2	ф22	463	0	5	23.15	68.99	69.0
3	ф10	111	0	88	97.68	60.27	60.3
4	ф10	24 660	0	1	246.60	152.15	194.9
5	ф10	6 925	0	1	69.25	42.73	
C30混凝土/m³							15.31

注:
1.图中尺寸除钢筋直径以mm计,其余均以cm为单位。
2.柱中加强筋N2设在主筋外侧,每2m一道,自身搭接部分采用双面焊。
3.本图适用于5#桥墩。

思考题:
1.简述阅读桥墩的一般步骤。
2.如何阅读桥墩桩钢筋布置图?
3.什么是桥墩?桥墩主要由哪几部分组成?
4.图中桥墩柱的受力钢筋有哪几种?

第17章 道桥施工图

17-5 识读公路路线平面图。

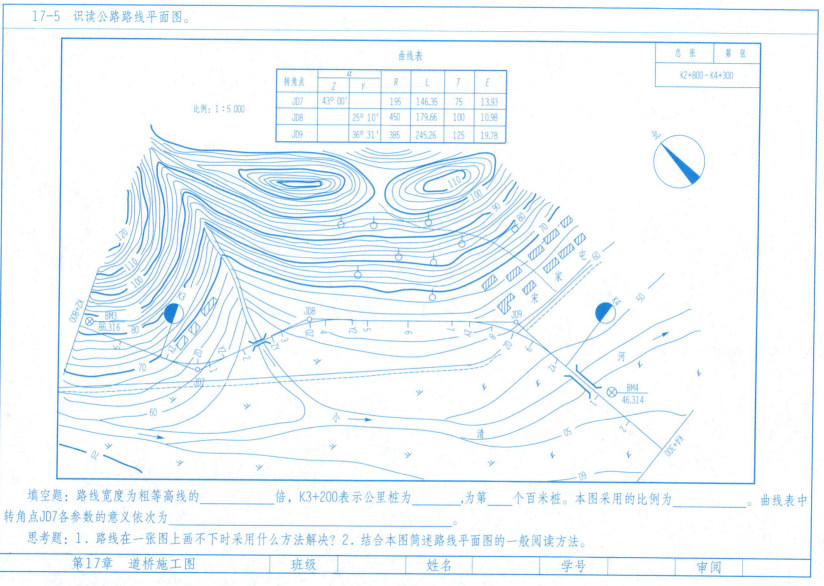

填空题:路线宽度为粗等高线的_____倍,K3+200表示公里桩为_____,为第___个百米桩。本图采用的比例为_____。曲线表中转角点JD7各参数的意义依次为_____。

思考题:1.路线在一张图上画不下时采用什么方法解决?2.结合本图简述路线平面图的一般阅读方法。

第17章 道桥施工图

17-6 识读桥位平面图。

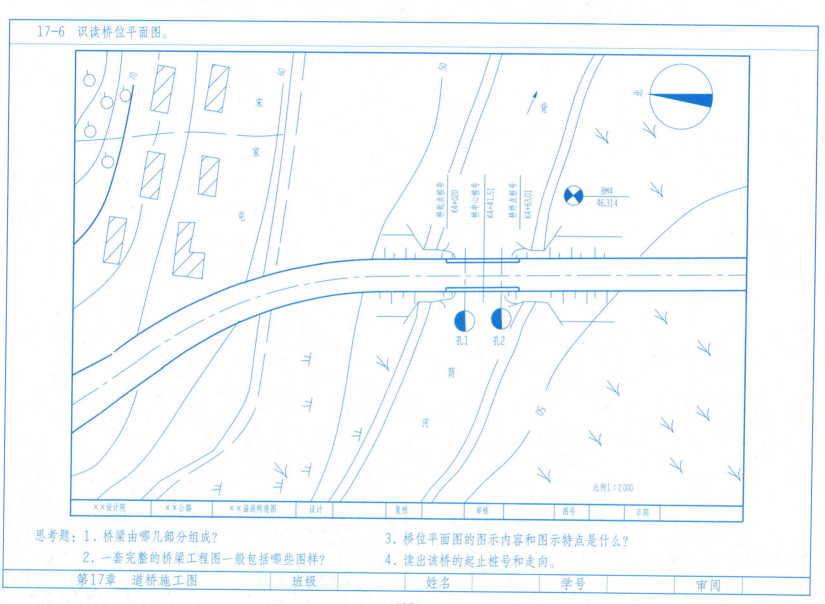

思考题：1. 桥梁由哪几部分组成？　　　　　　　　3. 桥位平面图的图示内容和图示特点是什么？
　　　　2. 一套完整的桥梁工程图一般包括哪些图样？　4. 读出该桥的起止桩号和走向。

| 第17章　道桥施工图 | 班级 | 姓名 | 学号 | 审阅 |

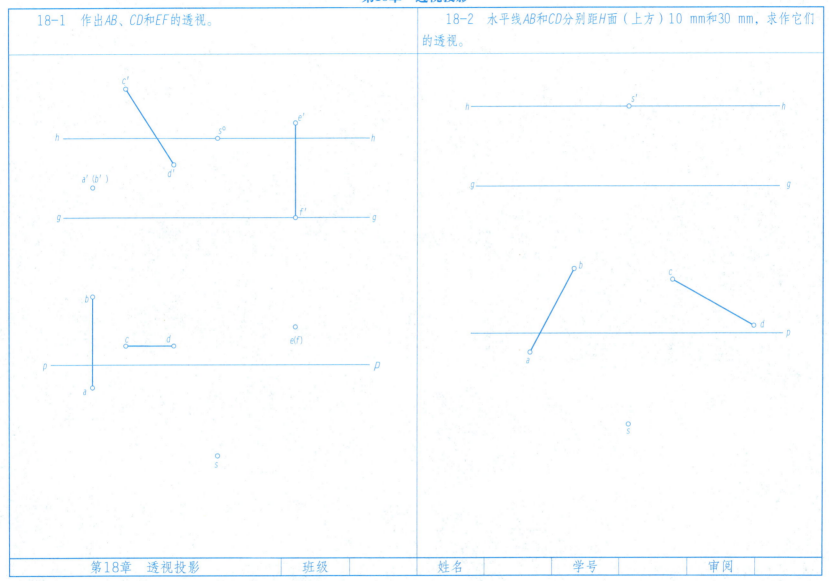

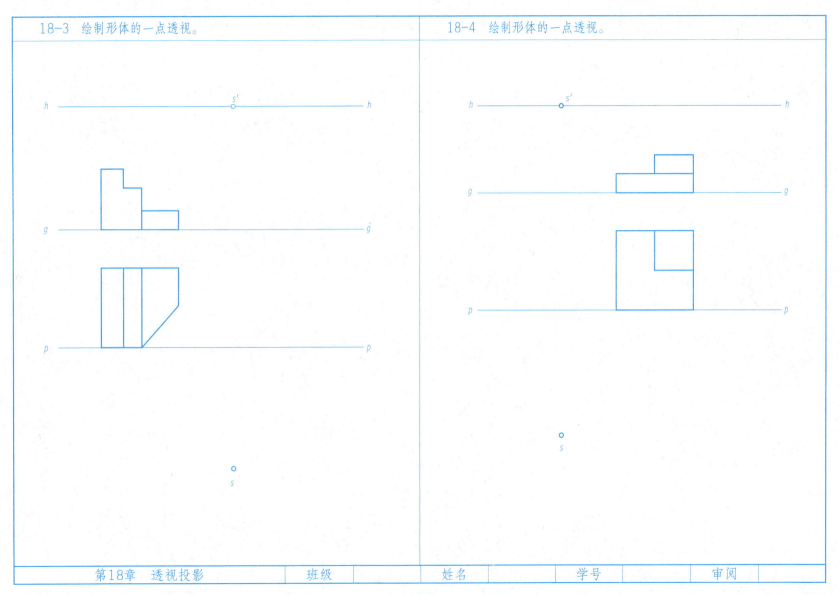

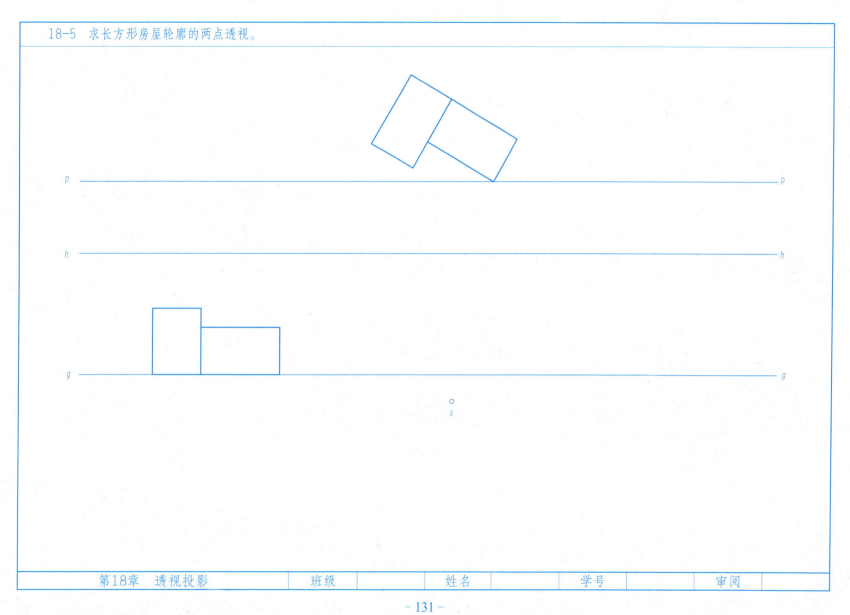

18-6 求纪念碑的两点透视。

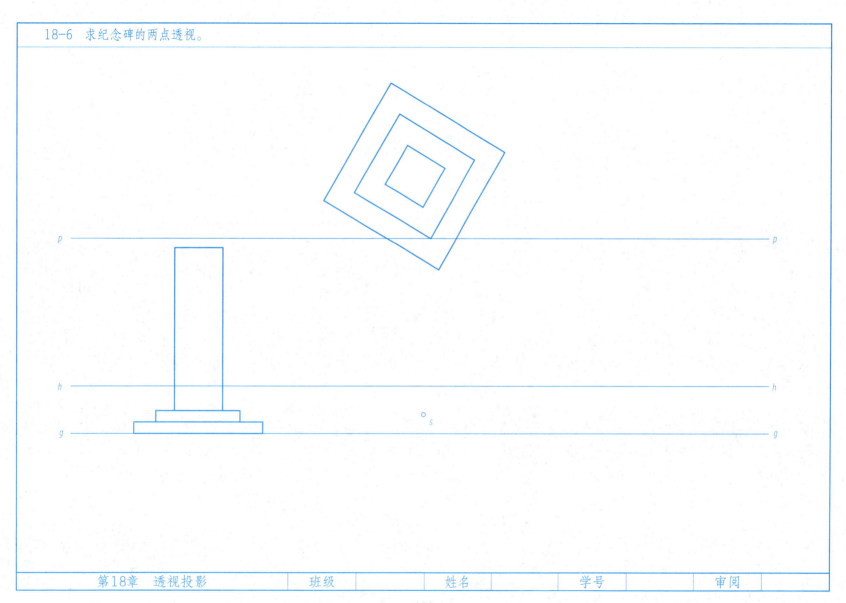

第18章 透视投影

18-7 绘制形体的一点透视。

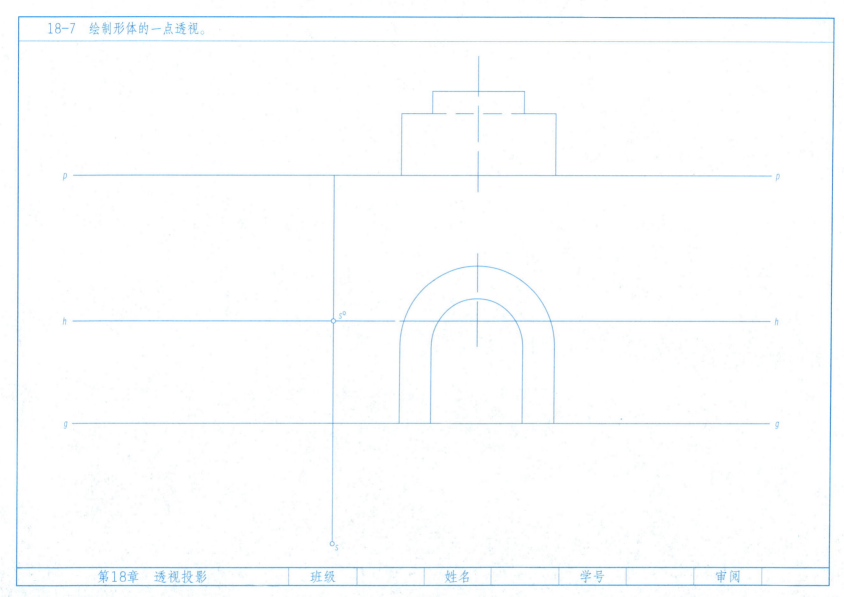

第18章 透视投影

18-8 绘制圆形花池的透视。

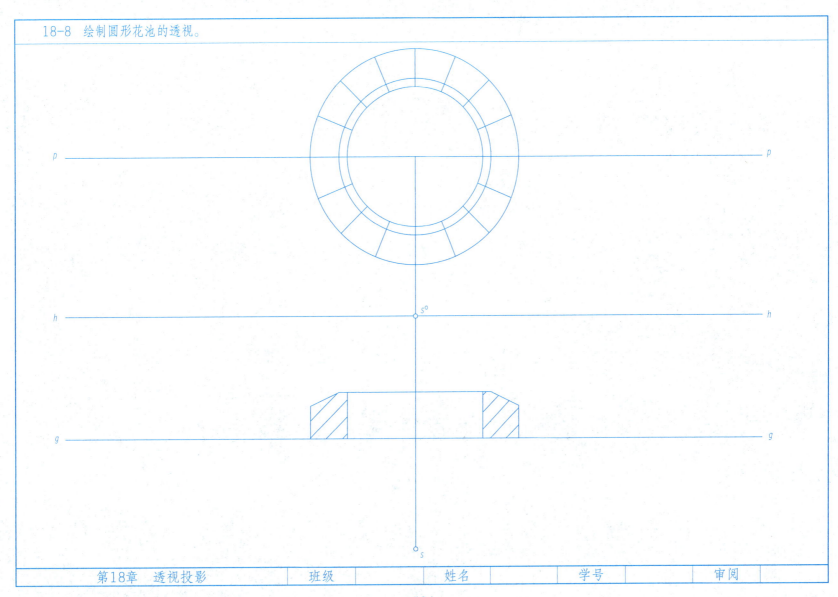

第18章 透视投影